JN028896

# 量子コンピュータが本当にわかる!

第一線開発者がやさしく明かすしくみと可能性

武田俊太郎［著］
TAKEDA Shuntaro

技術評論社

## ◆はじめに

「量子コンピュータって聞いたことあるけど、実体がよくわからないなぁ」。

そう思ってこの本を手に取ったあなた。そんなあなたに、量子コンピュータのしくみと可能性を本質的なところから解き明かすことが、この本の目的です。

量子コンピュータは今、次世代の超高速コンピュータとして世界中で注目されています。最近は、新聞やインターネット記事などで量子コンピュータのニュースが取り上げられる機会も増えました。しかし残念なのは、量子コンピュータとは一体どういうものなのか、その実体が皆さんにあまり知られていないことです。世の中のニュースはどうしても表面的な説明にとどまり、「量子コンピュータはとにかく計算が速い」「量子コンピュータは実現間近」と過度に期待させるような言葉ばかりを並べる傾向があります。また、皆さんが量子コンピュータの本質的なところをもっと知りたいと思っても、誰もが納得できるように正確に伝えてくれるメディアはあまり見つからないように思います。

量子コンピュータの実体を、実際に開発している立場から誰にでもわかるように伝えたい。本書はそういう思いから生まれました。量子コンピュータの計算の仕組みはもとより、その装置のリアルな様子や、開発現場の雰囲気などは、今まさに量子コンピュータ開発を進めている私にしか伝えられないと思ったのです。本書では、量子コンピュータについて「本当にわかった！」と皆さんに納得してもらうため、本質的な部分に絞っててい ねいにお話しすることにしました。数式は一切使わずに、「量子コンピュータは今のコンピュータとどう違う？」「どう役に立つ？」「なぜ計算が速くなる？」といった疑問を解き明かしていきます。さらに、「量子コンピュータって見た目はどういう装置？」「最先端の開発状況はどんな様子？」という疑問にも迫り、新聞やインターネット記事からはなかなか感じ取れない量子コンピュータ開発のリアルな現場を解き明かします。特に、最後の章では私が開発している量子コンピュータの装置の見学ツアーを行いながら、開発現場の具体的な様子や臨場感を味わってもらえるようにしました。実体が正しく伝わるように、ネガティブな情報も包み隠さず書いています。

この本を読めば、世の中の雑多なニュースに惑わされることなく、量子コンピュータの実体を本質的なところからリアルな現場まで把握し、「本当にわかった！」と思えるはずです。さらに、そういった理解を通して、今後世の中を大きく変えるかもしれない量子コンピュータという未来のテクノロジーの仕組みや可能性にワクワクすることができるでしょう。この本が、量子コンピュータに興味を持ってくれた皆さんの初めの一歩となるような本となれば幸いです。

武田俊太郎

## ◆目次

## 第2章 量子力学の最も美しい実験から探る量子コンピュータの正体……59

# 第3章 量子コンピュータの計算の仕組み……101



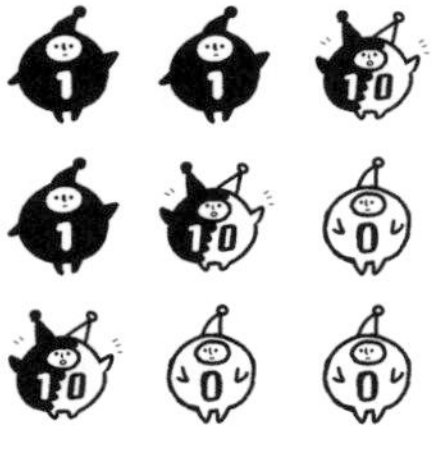

第4章

# 量子コンピュータはなぜ計算が速いか？……151

## 第5章 量子コンピュータの実現方法……195



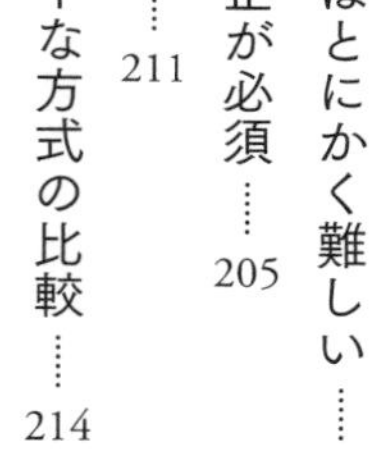

第1章

# 量子コンピュータとは?

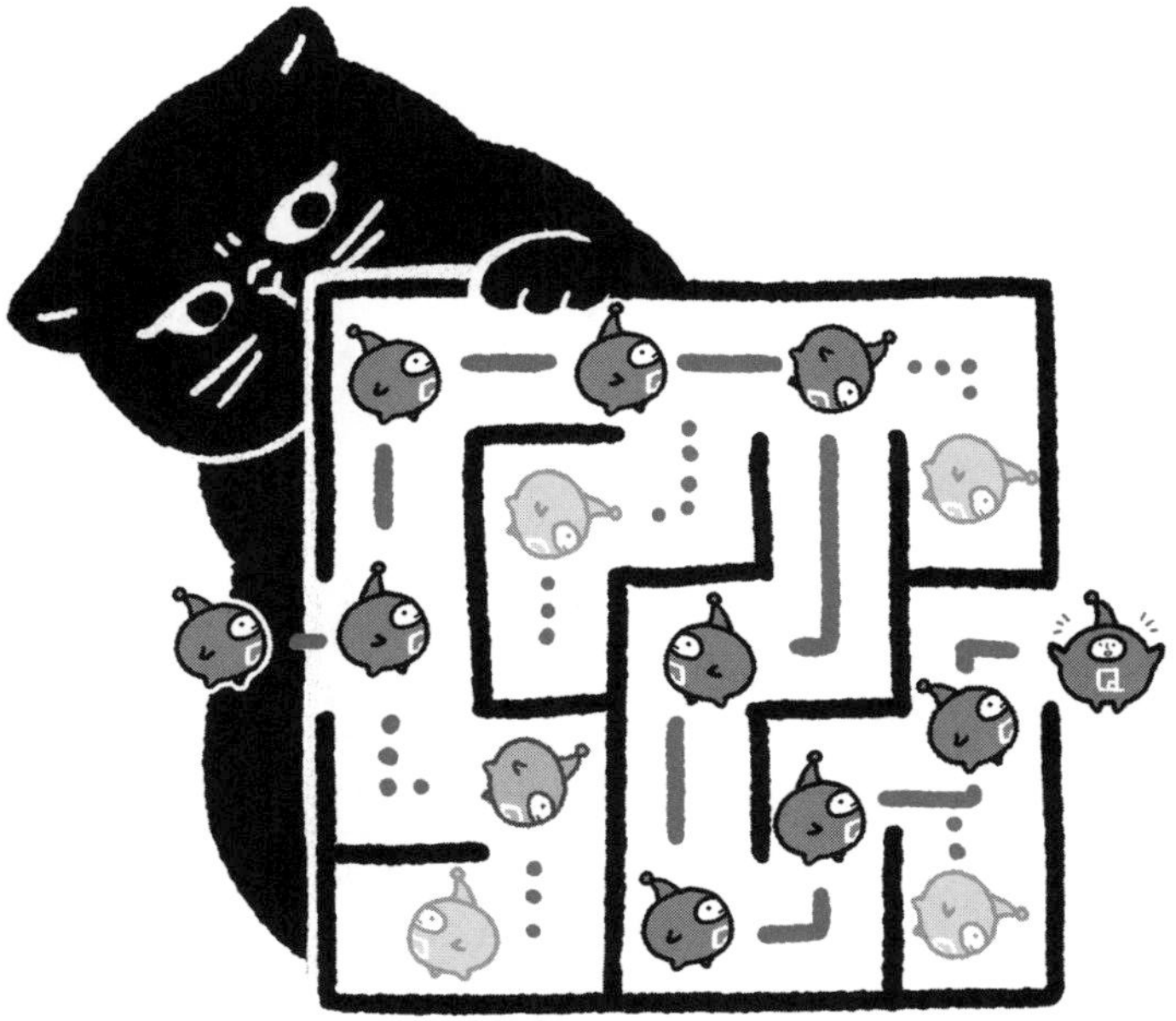

## ◆量子コンピュータは未来のひみつ道具？

皆さんは、「量子コンピュータ」という言葉を聞いたことがありますか？「量子コンピュータ」と聞いて、どのようなイメージを思い浮かべるでしょうか？

検索エンジンで「量子コンピュータ」と検索すると、色々な記事がヒットします。その中では、「超並列計算を可能とする夢のコンピュータ」、「現代のスーパーコンピュータよりも1億倍高速」といった目を引くキャッチコピーをしばしば目にします。一方で、量子コンピュータの仕組みについては、どの記事にもあまり詳しくは書いてありません。私の経験上、こういったネット記事を読んだ多くの方は、量子コンピュータに次のようなイメージを持っているようでした。

「量子コンピュータは、仕組みはよくわからないけれど、どのような問題もあっという間に解いてくれるコンピュータなのだろう。ドラえもんの4次元ポケットから出てくるひみつ道具のような、得体のしれない未来の道具に違いない」

しかし、現実の量子コンピュータはそんな「得体のしれない」ものではありません。あくまで現代のコンピュータの考え方をベースに、さらに発展させたコンピュータの一種です。コンピュータ自体は皆さんも馴染みがありますよね。スマートフォン、タブレット端末、デスクトップパソコンなど、どれも全てコンピュータです。また、一部の企業や研究機関には、スーパーコンピュータと呼ばれる大型のコンピュータもあります。これらのコンピュータは、外見は異なりますが、実は中身はほとんど同じです。どれも同じ仕組みで情報を記憶し、計算を行っているのです。このような現代のコンピュータが情報を処理する仕組みをベースに、「量子」という新しい性質をプラスアルファしてパワーアップさせたもの、それが量子コンピュータです（**図1**）。「量子」という言葉は聞きなれないと思いますが、ざっくり言えば物の構成単位となる小さな粒を表す言葉です。量子の代表例は、身の回りの物質の構成単位である原子や、原子そのものを形作る電子や陽子、また光の構成単位である光子などです。これらの量子は、私たちが普段気づかない不思議な性質を持っています。量子コンピュータは、この量子の持つ性質をうまく使いこなします。これによって、ある種の問題を解く際に今のコンピュータよりも圧倒的に速く答えを求められることがわかっています。量子コンピュータの能力を最大限まで活かせれば、地球のエネルギー問題を解決したり、医療を進歩させて健康で長寿命の社会を作ったり、さらには高度な人工知能を持つロボットができたりするかもしれないのです。

図1 現代のコンピュータと量子コンピュータの関係

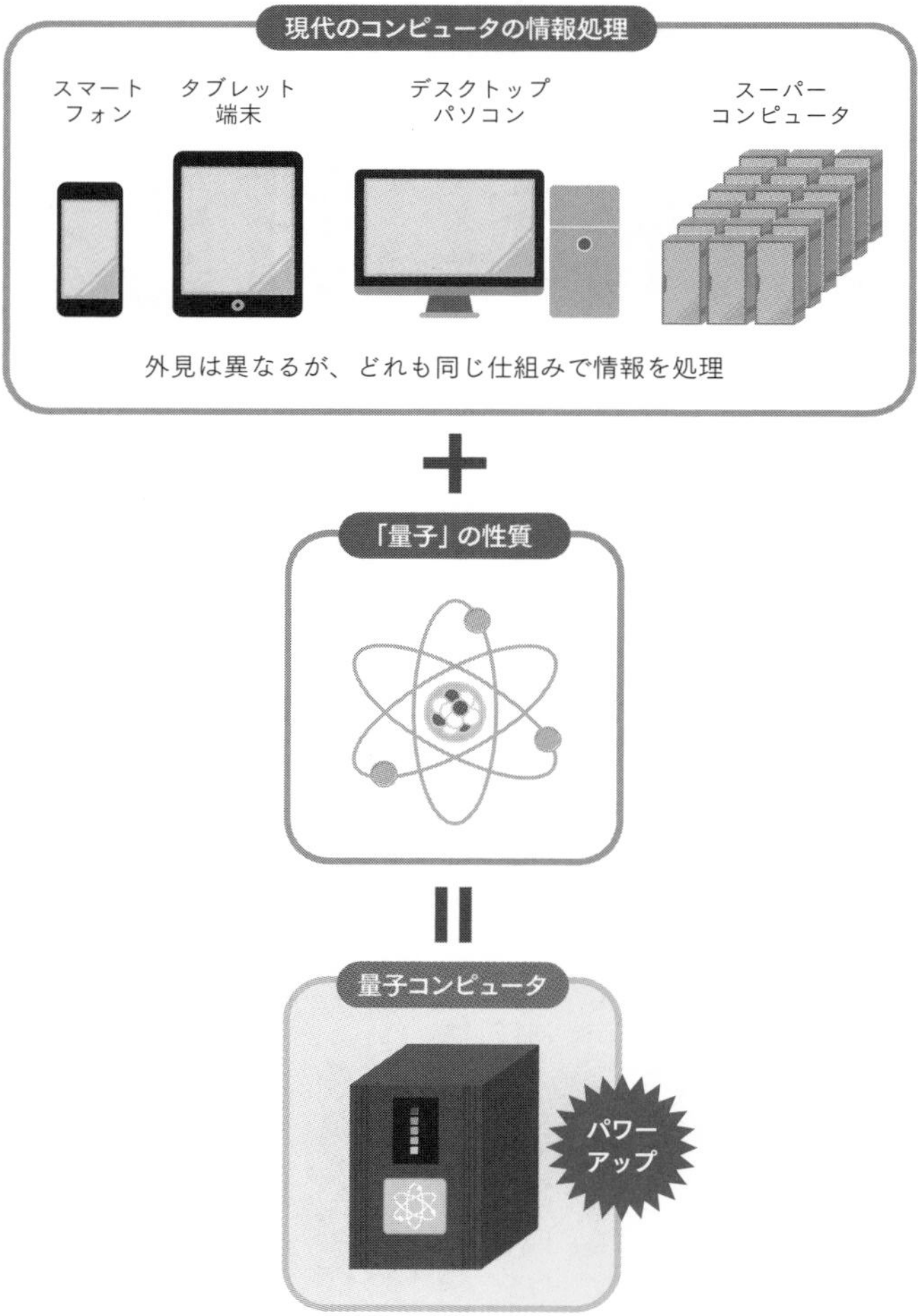

実は、量子コンピュータは、ドラえもんの世界でしか出てこないような「未来の道具」ではありません。すでに世の中に存在するのです。驚くかもしれませんが、ＩＢＭという企業は２０１９年１月から量子コンピュータの販売を開始しました（値段は公表されていませんが、相当高額だと予想されます）。また、ＩＢＭは誰でもインターネット上で無料で量子コンピュータを使えるサービスも提供しています。そう、この本を読んでいる皆さんも、今すぐにでも量子コンピュータをタダで使えるのです。ずいぶんと太っ腹なサービスですよね。さらに、２０１９年10月には、Googleが「最先端のスーパーコンピュータでも解くのに１万年かかる問題を、自社製の量子コンピュータが２００秒で解いた」と発表し、世間を賑わせました。このように、もはや量子コンピュータは空想上の概念ではなく、きちんとした実体のあるコンピュータなのです。ただ、早とちりは禁物です。量子コンピュータがすでに存在するといっても、現在の量子コンピュータは、いわば量子コンピュータのミニチュア版の「おもちゃ」です。動かして遊べば量子コンピュータっぽい振る舞いをしますが、決して役に立つ計算ができる代物ではありません。本当に世の中の役に立つような量子コンピュータは、一朝一夕では作れません。現在、世界中の研究者が知恵を絞って、その開発に取り組んでいるのです。私も量子コンピュータの魅力の虜になり、その開発を目指している研究者の一人です。

量子コンピュータは世の中にすでに登場しつつあるコンピュータの一種だということが、少しは実感できたでしょうか。何もアニメや映画の世界の話をしているわけではないのです。量子コンピュータが本当に世の中に役立つレベルまで進歩するのに何年かかるかはまだわかりません。しかし、それが実現したあかつきには、皆さんの生活がガラッと変わるような、「革命」が起こるかもしれません。なんだかワクワクしませんか?

## ◆今、量子コンピュータが熱い

今、世の中は量子コンピュータ・ブームの真っただ中にあります。私が量子コンピュータの研究を始めたのは、大学で初めて研究室に配属された2009年のことです。この頃、量子コンピュータという言葉は専門家の間だけで使われる専門用語でした。ひとたび大学の研究室の外に出れば、量子コンピュータの研究をしていると伝えても、ほとんど話が通じません。ところが一転、2014年頃から世界中で急激に量子コンピュータへの注目度が高まりました。そのきっかけとなった一つの事件がありました。2014年にGoogleが、量子コンピュータ開発で世界をリードしていたアメリカの大学の研究グループをまるごと取り込み、「自社で量子コンピュータを開発する」と宣言したのです。量子コンピュータは、それまで大学などで基礎的な研究が行われているレベルで、将来性については疑問視されていました。その開発に、Googleという誰もが知っている大企業が乗り出したわけですから、「これはきっと将来有望な技術なのだろう」と多くの人が注目したのです。その後もブームは一段と加速し、今や新聞記事やインターネットのニュースでも日常的に量子コンピュータが取り上げられるようになりました。量子コンピュータという言葉も市民権を得つつあります。この盛り上がりは、ブームの前には誰も予期していなかったことでしょう。

この量子コンピュータ・ブームは、今や世界中を巻き込んでいます。私は量子コンピュータの開発に携わっていますが、量子コンピュータの開発競争が日に日に激しくなっているのを肌で感じます。特にヨーロッパやアメリカ、中国などでは、国の方針として量子コンピュータ開発に非常に力を注いでいます。各国では、自国の大学や研究機関に、量子コンピュータ開発のために数百億円から一千億円規模の研究資金を投入しているのです。また、Googleを始め、ＩＢＭ、Intel、Microsoftといった大手のＩＴ企業が、それぞれ独自の量子コンピュータ開発を進めています。日本もこの流れに乗り遅れてはいけないと判断し、国の方針として量子コンピュータ研究への大型投資が始まっています。

量子コンピュータを作ることに、なぜ世界がこれほど躍起になっているのでしょうか。それは、コンピュータには世の中をがらりと変える力があるからです。コンピュータの性能が上がるということは、何も皆さんの身近なスマートフォンやパソコンの性能が上がるだけではありません。現代の身の回りのサービスや製品は、ほとんど全てコンピュータの力に頼っています。コンピュータの性能が上がれば、それらのサービスや製品の質が劇的に向上する可能性があるのです。例えば、車のエンジンの開発や、航空機の機体形状の設計など、コンピュータの計算なしではできません。病気の治療薬の開発も、どのような分子を作れば、どのような効き目や副作用があるか、コンピュータに計算させながら進められています。毎日の天気予報は、コンピュータに大気の流れを計算させて予測しています。また YouTube を開くと一人ひとりに合わせたおすすめの動画が表示されたり、お掃除ロボットが障害物をよけながら最適なルートで掃除をしてくれたり、そういった身近なところでもコンピュータが役立っています。従って、コンピュータの性能が上がれば、このような様々なサービスや製品の質が向上し、世の中は劇的に豊かになる可能性があるのです。高性能なコンピュータが手に入れば、科学技術は進歩し、企業は成長し、国の経済成長や安全保障にも役立つでしょう。だからこそ、国レベルでも、企業レベルでも、自分たちがいち早く量子コンピュータを作りたいと必死なのです。

そうは言っても、近年の急激な盛り上がり方は異常です。事情を知らない多くの皆さんは、何か技術的なブレイクスルーが起きて、突然量子コンピュータが現れたのだろうと感じることでしょう。しかし、私のように昔から量子コンピュータの研究をしてきた立場からすれば、特に何かブレイクスルーがあったわけではありません。量子コンピュータはこれまで数十年の基礎研究の中で一歩一歩前進してきたものです。それが、突然世間一般の方々に注目され、もてはやされるようになったのです。

## ◆誤解ばかりの量子コンピュータ

多くの皆さんが量子コンピュータに興味や期待を持ってくださるのは、私のような量子コンピュータの研究者にとって有難いことです。私は「量子コンピュータは面白い」と思ってこの研究を続けています。この面白さやワクワク感を、専門家だけでなく様々な人と共有できることは本当に嬉しく思います。また、私は量子コンピュータの開発により、最終的には社会の役に立てればという思いで研究を進めています。多くの人々に、「量子コンピュータができたら使いたい」、「量子コンピュータで世の中がどう変わるかをこの目で見たい」と期待していただけることは、私自身としても研究を応援されているような気持ちになり、とても励みになります。

一方で、量子コンピュータが世間であまりに急激に注目され始めたため、弊害が出始めています。それは、量子コンピュータの正しい知識を発信できる人が限られていたため、世の中に量子コンピュータに関する不正確な情報があふれるようになったということです。この結果、多くの人が量子コンピュータについて誤解するとともに、量子コンピュータに過剰な期待を抱いています。

私は量子コンピュータの一専門家として、一般向けに書かれた量子コンピュータの記事や解説にしばしば目を通しています。その種類は、新聞、雑誌、インターネット、書籍など色々です。しかし、非専門家の書いた説明は、しばしば間違いや誤解させるような表現を多く含みます。確かに、「量子」の性質の話や量子コンピュータの仕組みをきちんと説明するのは簡単なことではありません。しかし、本来重要で本質的な情報を省略して、表面的に、量子コンピュータがいかにすごいかだけを書き連ねたような説明があまりに多すぎます。この状況には、私だけでなく、私の知り合いの多くの専門家が当惑しています。この本を読んでいる皆さんも、新聞記事に書いてあるから、テレビでこう言っているから、という理由で簡単に説明の内容を鵜呑みにしてはいけませんよ。

私は色々な人に量子コンピュータについてのお話をする機会がよくあります。その中で、多くの皆さんには共通の誤解がいくつかあることに気づきました。本書では、そういった誤解を解くためにわかりやすい説明を心掛けました。しかし、ここで予め、量子コンピュータについての最も典型的な誤解を3つ取り上げて、「そうではない」ということを印象付けておきたいと思います。

## ◆誤解1：量子コンピュータはあらゆる計算が速くなる？

これは量子コンピュータに関する最も典型的な誤解です。量子コンピュータで速く解ける問題の種類は、わずかしかわかっていません。その他の問題については、今のコンピュータでも量子コンピュータでも互角です。

「コンピュータ」君と、「量子コンピュータ」君が、ある数学の問題を解けと言われたとしましょう（**図2**）。「コンピュータ」君は、その問題を解くにはどのような手順で計算すれば良いかを知っています。まず初めに数Xと数Yを足して、次にその結果に数Zをかけて、のように、手順に従って加減乗除の計算を何回も繰り返して答えを導きます。一方の「量子コンピュータ」君は、1回1回の加減乗除の計算が速いわけではないのですが、実はもっとスマートな解法を知っています。スマートな解法を使えば、行わなくてはならない加減乗除の計算の回数が圧倒的に減らせるので、ずっと短い時間で答えを導けるのです。残念なことに、「コンピュータ」君と、「量子コンピュータ」君では脳の仕組みが違うので、「コンピュータ」君がこのスマートな解法を真似しようと思っても、原理的にできないのです。

この例えのように、量子コンピュータで計算が速くなるとは、必要な計算の回数を減らせるという意味です。計算1回1回の速度が速くなるという意味ではありません。「量子」というプラスアルファの機能を使って、現代のコンピュータより少ない計算回数で答えを求められるスマートな解法が使えるのです。どれくらい計算回数が減らせるかは問題によって変わるので、「量子コンピュータは現代のコンピュータの〇〇倍速い」と簡単に言うことはできません。また、量子コンピュータ特有の解法が見つかっていない問題については、

**図2** 量子コンピュータが現代のコンピュータよりも計算が速いことの意味

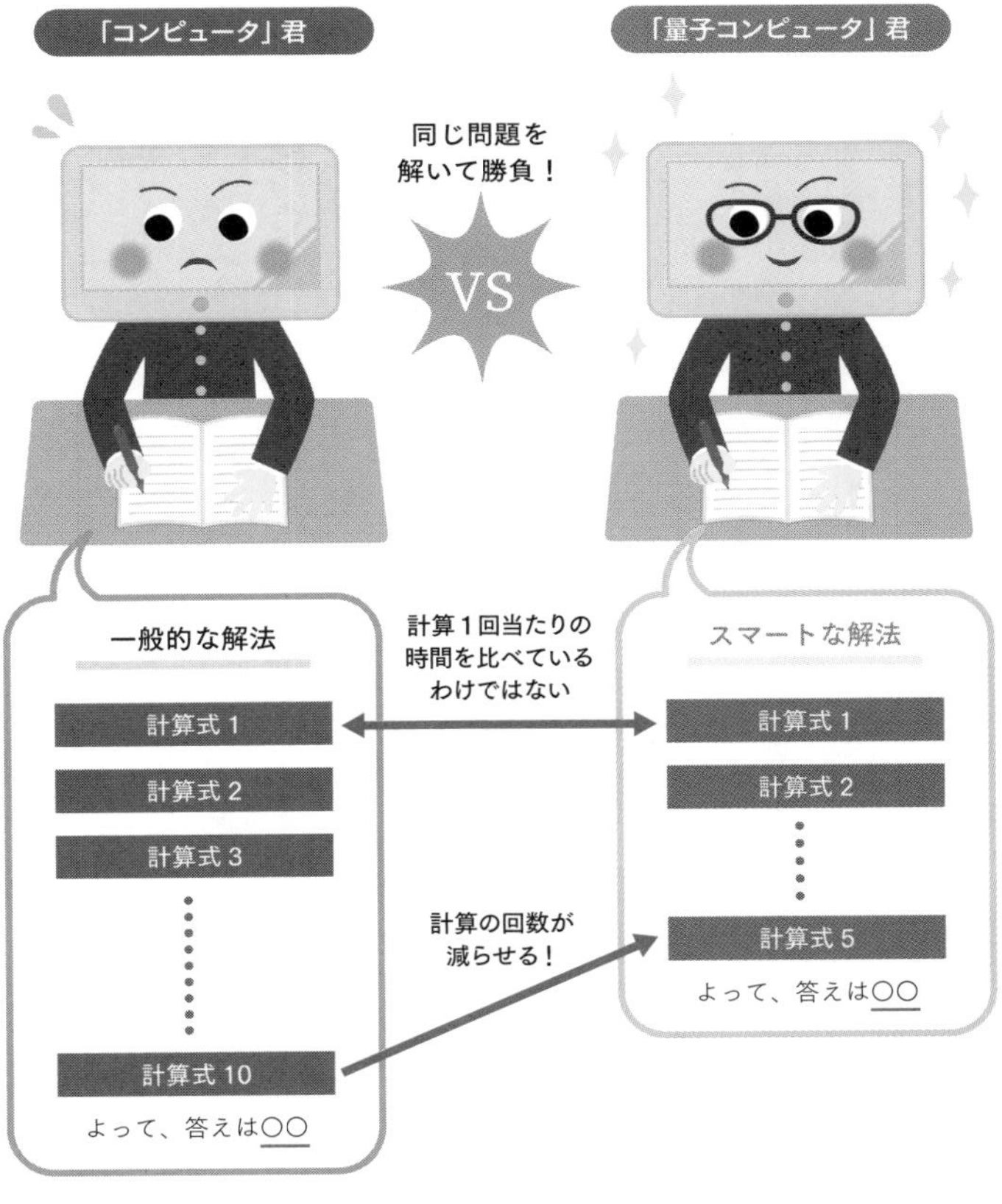

どちらのコンピュータも同じ解法を使うことになるため、計算の回数は同じになります。ちなみに、実際の計算の所要時間は、量子コンピュータが計算1回を行うのにかかる時間と計算回数の掛け算になります。この「計算1回を行うのにかかる時間」がどうなるかは量子コンピュータが実現してみないとわからないので、今は考えないことにするのです。

量子コンピュータの場合に計算回数を減らせるスマートな解法があるような問題は、いくつかの限られた例しかわかっていません。現在も、世界中の研究者が、どういう計算なら量子コンピュータで計算回数を減らせるのかを探しています。計算回数が減るということのもう少し厳密な意味については、第4章で詳しく説明します。

## ◆誤解2：量子コンピュータは並列計算するから速くなる？

量子コンピュータで計算が速くなる仕組みは、「並列計算」という仕組みで、色々な計算を同時並行で進められるからだと説明されることが多々あります。しかし、この説明はあまり正しくありません。

「並列計算」は、現代のコンピュータでも計算を高速化するために使われている技術です。

図3 コンピュータの並列計算

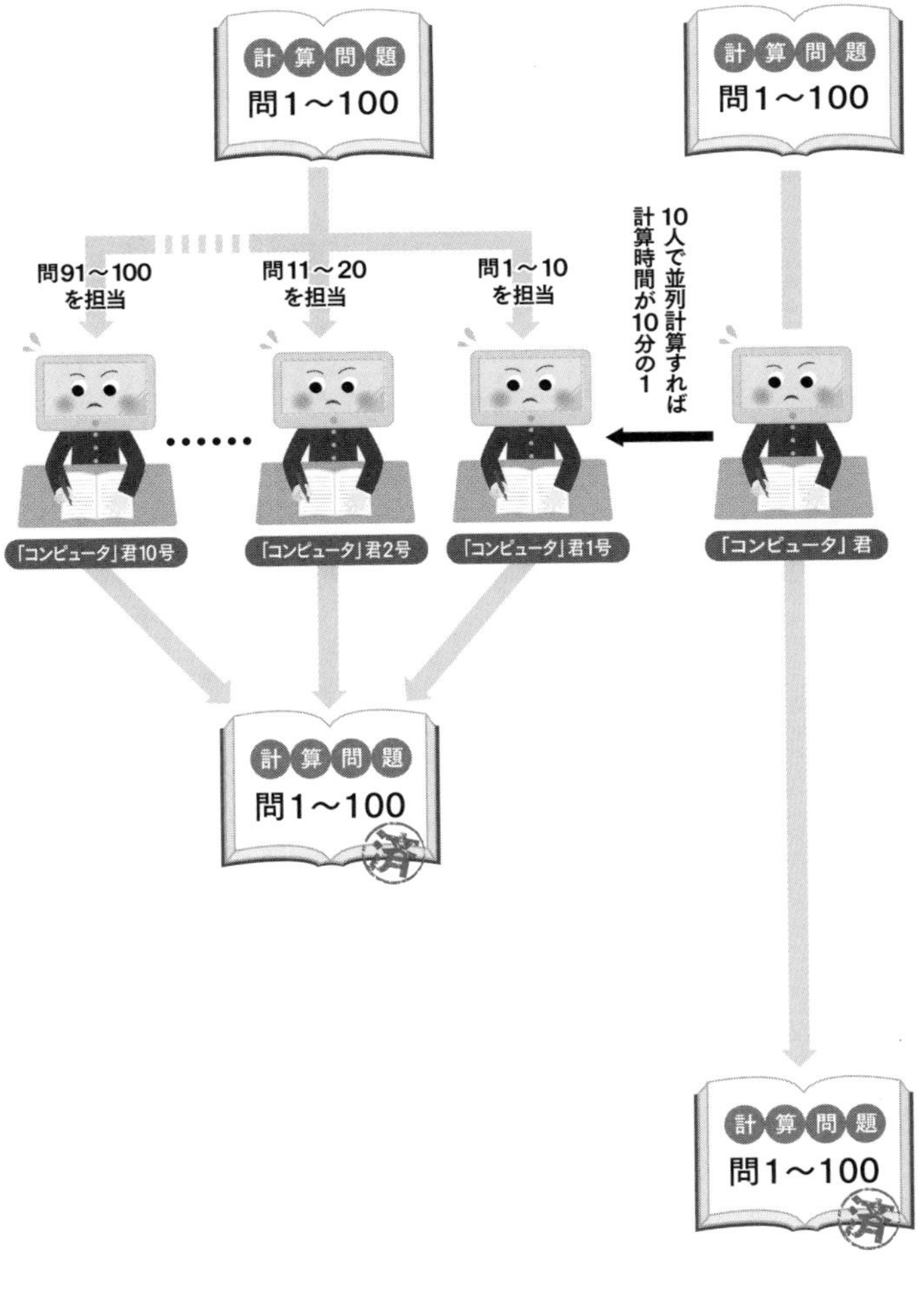

例えば、100題の計算問題を解きたいとしましょう（図3）。1人の「コンピュータ」君で全てを解くのは時間がかかりそうです。そこで、10人の「コンピュータ」君で10題ずつ別々の問題を担当することにしましょう。10人の力を合わせれば、計算が10倍速くなり、100題を解ききる時間は10分の1になるはずです。このように、行いたい計算を複数個に分割して、複数台のコンピュータに同時に計算させるのが「並列計算」です。

確かに、量子コンピュータもある種の並列計算をしています。しかし、現代のコンピュータの並列計算とは意味合いが違います。詳しくは第2章で説明しますが、量子コンピュータの並列計算は「量子」のミクロな世界特有の「重ね合わせ」という現象を使います。この現象を使った並列計算は、並列計算する「だけ」では計算は決して速くなりません。並列計算したたくさんの計算結果の候補の中から、「取捨選択」して、欲しい計算結果だけを絞り込んでいくような計算の工夫が必要になります。これをイメージするには、分岐点がたくさんある入り組んだ迷路を考えると良いでしょう（図4）。私たちはスタートからゴールまでのルートを知りたいとします。「コンピュータ」君は、一つひとつのルートの候補を順に調べて答えを見つけます。一方、「量子コンピュータ」君は、色々なルートの候補を頭の中で同時並行で検討します。その中で、行き止まりに辿り着くルートは捨てて、ゴール

## 図4 量子コンピュータで問題を速く解くイメージ

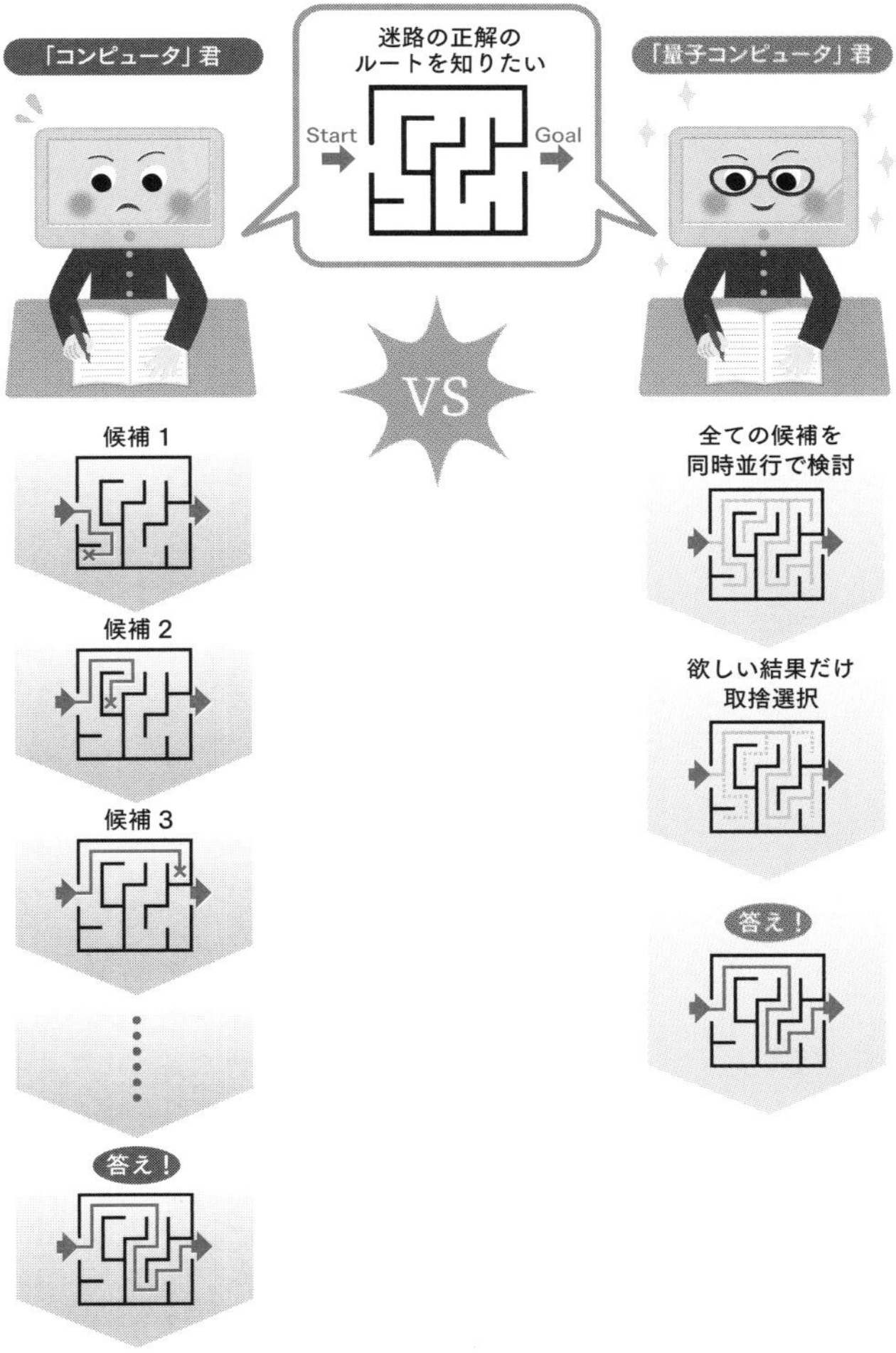

に辿り着くルートだけを探し出し、最後にそのルートだけを答えとして導き出すのです。量子コンピュータでは、このような計算結果の「取捨選択」を行うことができた場合だけ、計算が速くなります。

従って、量子コンピュータは「並列計算するから速くなる」という説明はあまり正しくありません。並列計算する「だけ」では計算は決して速くならないのです。計算が速くなる理由は、「並列に行った計算の中から、取捨選択して、欲しい計算結果だけを探し出せる場合がある」からです。

## ◆誤解3：量子コンピュータは数年後には実用化される？

世の中は量子コンピュータについて今にも実用化されそうなニュース記事であふれています。このため、数年後には役に立つレベルの量子コンピュータが開発され、誰しも使えるようになると期待されている方が多く見受けられます。実際、ＩＢＭはすでに量子コンピュータを販売していますし、Google は「量子コンピュータでスーパーコンピュータよりも速く問題が解けた」と発表しているわけですから、そのように期待されるのも無理はないでしょう。しかし、現在できている量子コンピュータは、言うなればミニチュアサイズの量子コンピュータの「おもちゃ」です。1桁の加減乗除くらいの計算をさせることはできますし、それっぽい答えが出てきます。しかし、あくまで「おもちゃ」レベルです。計算はあまり正確ではなく、頻繁に計算ミスをして間違った答えを出します。1桁の加減乗除でミスをするレベルですから、私たちの生活に役に立つ計算を現代のコンピュータよりも速く実行できるような代物ではありません。本当に役立つ問題を正確に解くことのできるフルスペックの量子コンピュータを作るには、もっと桁数の大きな情報を扱える必要がありますし、計算の正確さも桁違いに高める必要があります。現代の量子コンピュータと、本物のフルスペックの量子コンピュータの差は、レゴブロックで作ったおもちゃの車と、本物のF1のレーシングカーくらい違います。この2つには、技術的に大きな隔たりがあることは想像できるでしょう。レゴブロックでおもちゃの車を作れるからといって、その技術の延長でF1のレーシングカーが作れるはずはありません。従って、専門家の中に、今後数年で実用レベルの量子コンピュータができると思っている方はまずいないでしょう。多くの皆さんに、「あと何年で役に立つ量子コンピュータができますか?」とよく聞かれます。まだ専門家によっては、20年と答える方もいれば、100年かかると答える方もいます。まだまだ技術的に未解決の課題がたくさんあるので、どれくらいの時間がかかるかは、そう簡単には予想できないのです。

## ◆コンピュータの仕組みと歴史

これまで、近年の量子コンピュータ・ブームについて説明してきました。しかし、何も量子コンピュータは世界でブームだから私たちも乗り遅れないようにしましょうとか、そういうレベルのものではありません。量子コンピュータは、現代の社会の状況を踏まえると今後どうしても必要になるから、作って然るべきものなのです。その背景には、現在のコンピュータの性能の進歩が今後あまり見込めないという事情があります。この背景を理解するため、ここで簡単にコンピュータの仕組みや歴史を振り返ってみましょう。

今日では、コンピュータは身の回りに溢れており、誰しもが日常的に使います。しかし、コンピュータは中身のわからないブラックボックスです。マウスをクリックして、キーボードを打てば、動画を見たり、写真を加工したり、計算をさせたりできます。しかし、そのときにコンピュータという箱の中で一体何が起こっているのかを理解している人はそれほど多くないでしょう。ブラックボックスであること自体は別に悪いことではありません。箱の中を知らなくても使えるように、コンピュータは設計されています。しかし、ここでは少しその箱の中身に目を向ける必要があります。とは言え、いきなりコンピュータの箱の中身の話から始めるのは敷居が高いと思います。そこで、もっと簡単な話から始めましょう。コンピュータのように、計算をするための道具は古くから色々と考案されてきました。その中で、仕組みが最もわかりやすく、皆さんも使ったことのある道具があります。それは「そろばん」です（**図5上**）。そろばんは、小学校の授業で誰しも1回は使ったことがあるでしょう。あの、たくさんの珠が串刺しになって並んだ計算道具です。

そろばんでは、串刺しになった珠が1セットで1桁の数字を表します。珠がどの位置にいるかで0~9までの数字を表すことができます。例えば3本の串刺しがあれば、「000」から「999」までの数字を表せます。そして、人間があるルールに従って珠の位置を指で動かしていくことで、加減乗除の計算を行うことができます。加減乗除それぞれの計算で、どういうルールで珠の位置を動かすかは、人間が覚えておかないといけません。しかし、ルールさえ覚えておけば、人間が珠の位置を機械的に動かしていくことで計算が進みます。人間は自分の頭の中で計算する必要はありません。最後の珠の位置を読めば、計算

図5 計算機の歴史

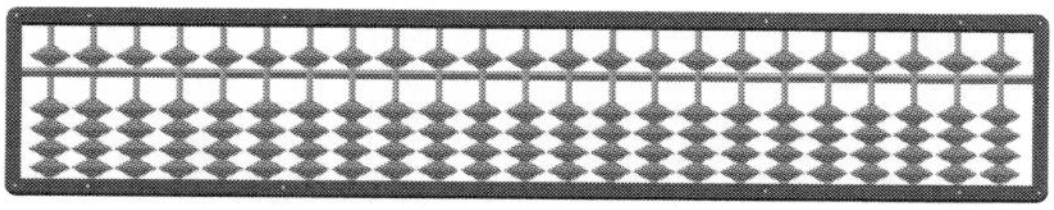


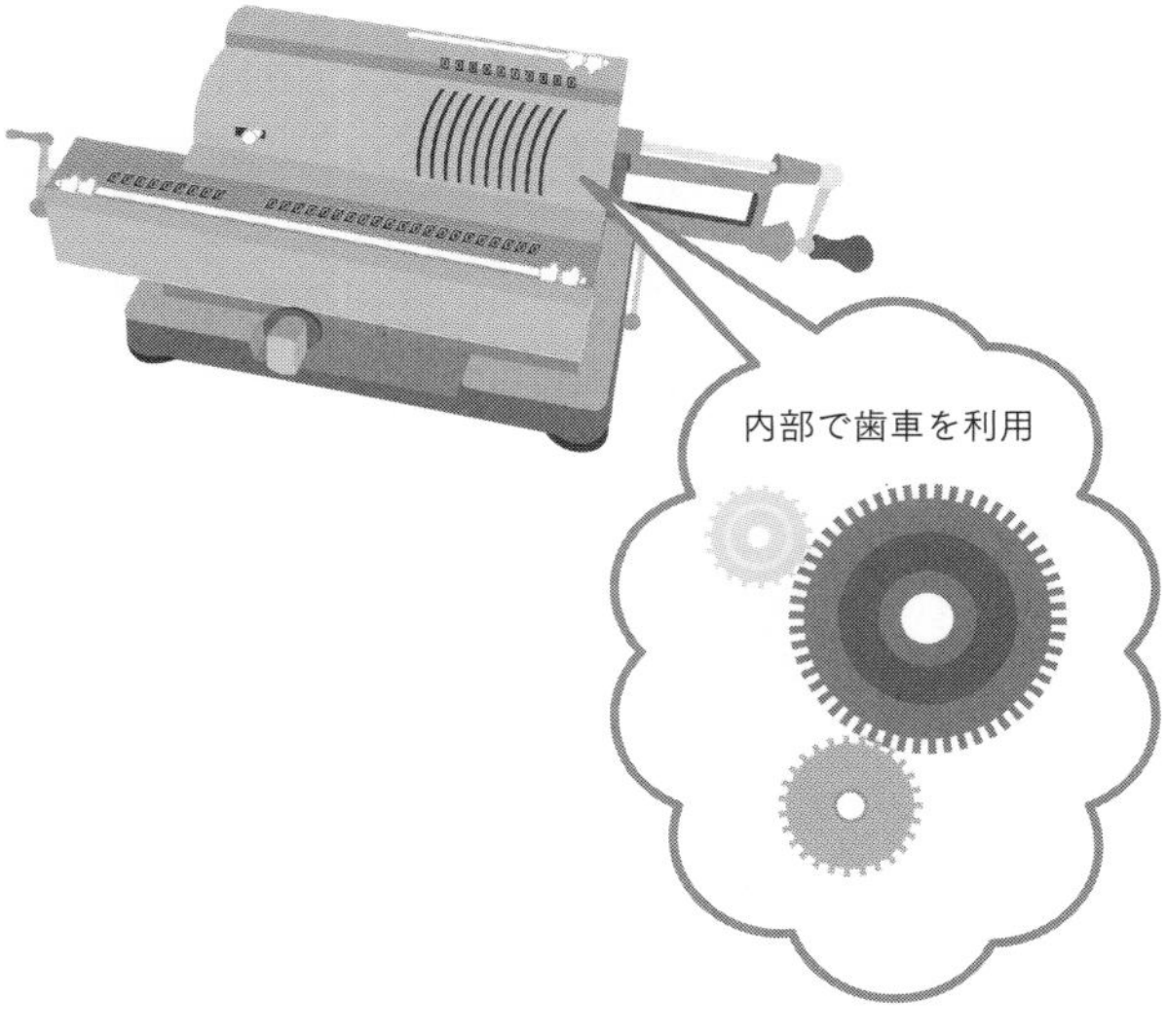

の答えがいくつになるかがわかるわけです。言い換えると、そろばんでは、数字の情報を珠の位置で表し、珠の位置をあるルールに従って指ではじいて動かす、という物理現象を使って計算をしています。「物理現象」というと、仰々しい印象を受けるかもしれません。しかし、これまで発明されてきた計算道具はいずれも、数字の計算のルールを何かしらの物理現象に置き換えて解く道具なのです。

そろばんの歴史は古く、紀元前２０００〜３０００年頃から使われ始めたそうです。もう少し近代的な計算道具として、17世紀に歯車を使った機械式計算機が発明されました（**図5下**）。これは、歯車を使ったそろばん、と考えることができます。要するに、そろばんの珠が、歯車に置き換わって、少し便利になったものです。この場合、歯車の回転の角度で0〜9までの数字が表されます。そろばんの珠を指ではじく代わりに、歯車を手動で回すことで数字を変化させ、加減乗除の計算を行います。歯車を使った計算の仕組みは、アナログ時計をイメージするとわかりやすいでしょう。アナログ時計では長針の歯車と短針の歯車がかみ合っています。長針が1回転すると、短針が1つ分進みます。この仕組みは、「桁上がり」そのものです。つまり、計算では数字が0、1、2、…と増えて、9までいくと、次にその桁の数字は0に戻ります。代わりに、１つ上の桁の数字が1だけ増えます。そろばんの場合は、この桁上がりは人間の手で行う必要がありました。歯車を使った桁上がりの仕組みを使えば、そろばんで行っていた計算の一部が自動化されるのです。このように、機械式計算機も、数字の情報を歯車の回転角で表し、歯車を回すとそれとかみ合った歯車も回る、という物理現象を使った計算機です。そんな計算機、触ったことはもちろん、見たこともないという方がほとんどだと思います。しかし、実際に日本でも１９７０年頃まではよく使われていたそうです。私は博物館で動かしてみたことがありますが、その仕組みは非常に興味深く、よくこんなものを考え出したものだと感心してしまいました。

## ◆現代のコンピュータの誕生と進歩

その後20世紀になって、ようやく現在使われているコンピュータの元となる計算機が誕生しました。電子計算機、つまり電気の回路を使った計算機です。電気回路を使った計算機において、そろばんの珠や歯車の代わりに用いられたのは、電気的なスイッチです。電気的なスイッチといってもピンとこないかもしれませんが、部屋の照明をＯＮ／ＯＦＦする壁のスイッチはまさにその例です。スイッチをＯＮ／ＯＦＦすれば、部屋の照明器具に電力を送るか送らないかが切り替わり、明るくなったり暗くなったりするわけです。一般に、電気スイッチはONとOFFの2つの状態があり、ONならば電気を通し、OFFならば通しません。このスイッチのON／OFFで0と1の数字の情報を表し、スイッチのON／OFFを切り替えるという物理現象を使って計算しているのが、現代のコンピュータです。ちなみに、そろばんや機械式計算機は1つの桁に0～9までの数字を使う10進法で計算を行います。しかし、電子計算機はその代わりに0と1だけを使う2進数で計算を行います。この仕組みは第3章で説明します。

現代のコンピュータで使われている電気的なスイッチは、1940年代末に発明されたトランジスタと呼ばれるスイッチです（図6）。部屋の照明のスイッチは、人間が手でONとOFFを切り替えなくてはいけません。しかし、トランジスタは、電気信号を送るとONとOFFを切り替えることができます。このため、電気回路の中でトランジスタをたくさんつなげていくと、面白いことが起こります。1つのトランジスタがONになると、そのトランジスタに電気が流れます。すると、そこにつながっている別のトランジスタに電気信号が伝わって、そちらもOFFからONに切り替わります。今度はまたそのトランジスタに電流が流れて、別のトランジスタがOFFからONに切り替わります。いわば、ド

**図6** 照明のスイッチと、電子計算機で使われるスイッチ（トランジスタ）

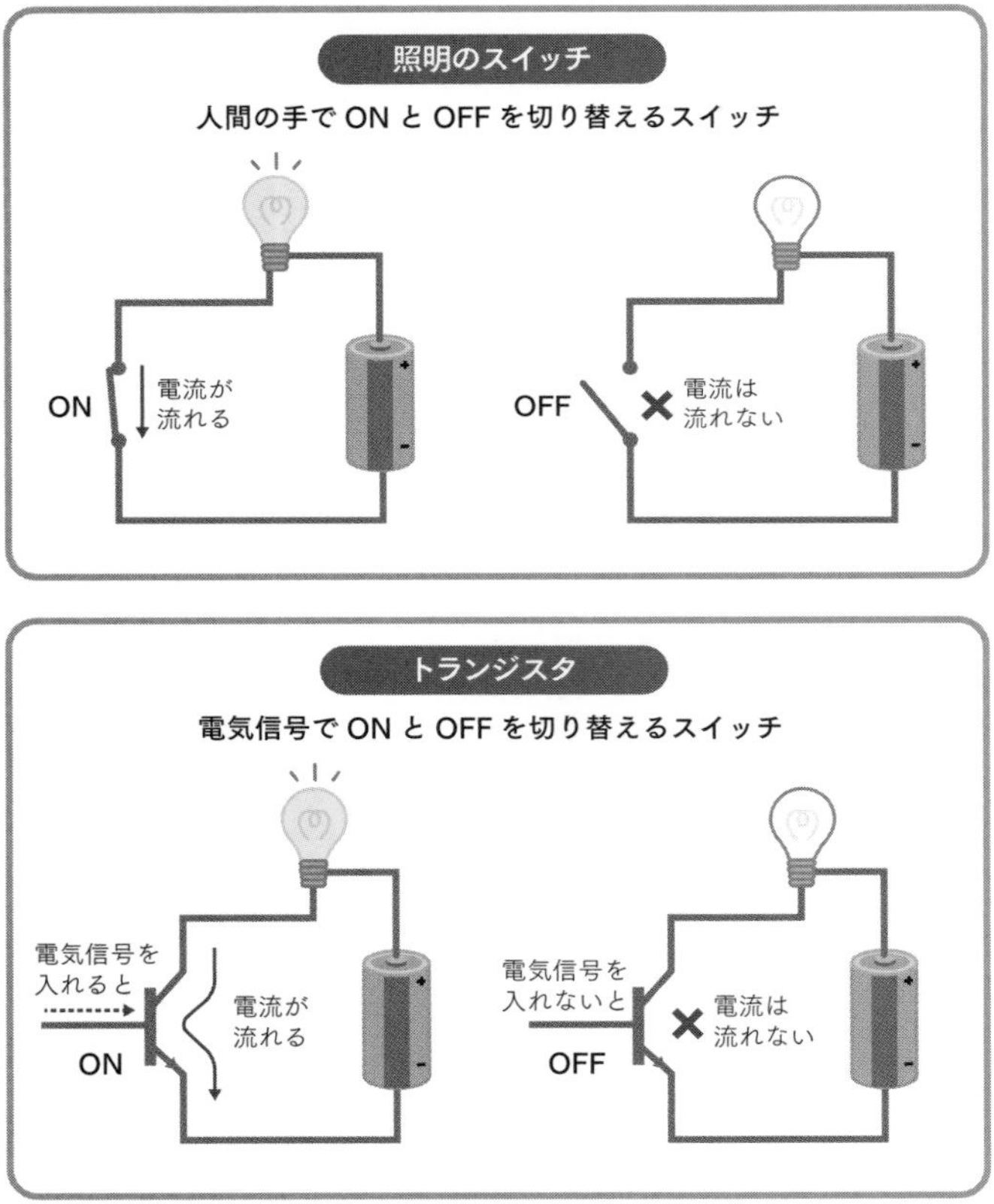

ミノ倒しのようにトランジスタのON／OFFが変化していくのです。歯車を使った機械式計算機では、1つの歯車がそれとかみ合っている別の歯車に力を伝えることで、歯車同士を連携させて桁上がりを自動化していました。電子計算機では、代わりにトランジスタをたくさんつなげて、電気信号を伝え合いながらトランジスタを連携させます。これによって、非常に複雑な計算を全自動で行うことができるのです。

現代のコンピュータの脳みそ部分は、実は大量のトランジスタの集合体です（図7）。コンピュータの箱の中を見たことがあるでしょうか？　箱の中を見ると、たくさんの部品に分かれています。電力を供給する部品、情報を記憶しておく部品、他のデバイスと通信をする部品など、それぞれ役割分担しています。その中で、実際に計算を行っている脳みそがCPU（中央演算処理装置）です。CPUは、一辺数センチメートル程度の小さなチップです。この小さなCPUのチップには、なんとトランジスタが10億個くらい入っています。さらにトランジスタが優れているのは、スイッチのON／OFFが高速に切り替えられることです。CPUの中では、トランジスタのONとOFFを1秒間に10億回くらい切り替えて計算をしています。想像しただけで頭がパンクしそうです。

現代のコンピュータがここまで進歩してきたのは、トランジスタがどんどん小型化した

**図7** 現代のコンピュータの脳みそはトランジスタの集合体

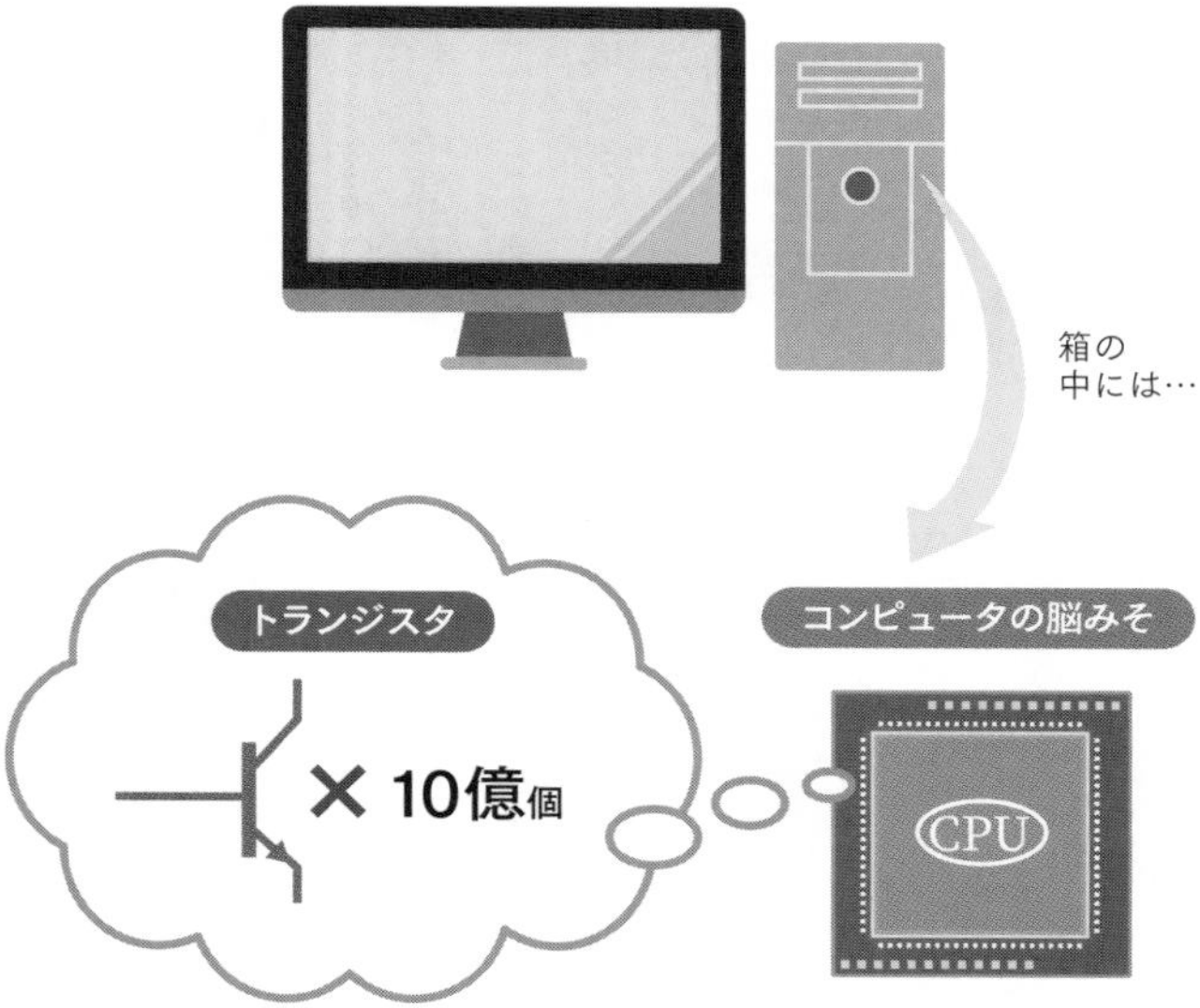

からです。10年前、20年前のコンピュータに比べて、今のコンピュータはかなり性能が上がっています。コンピュータの性能を上げるため、様々な企業が、より小さなトランジスタの開発を進めていきました。トランジスタが小さいほど、1個のCPUチップの中に入れられるトランジスタの数が増えます。そうすれば、たくさんの情報を一気に処理できるようになるわけです。トランジスタの進歩については、「ムーアの法則」と呼ばれる有名な法則があります。ムーアとは、CPUを作っている会社として有名なIntelの創業者の一人であるゴードン・ムーアです。ムーアは1965年に「同一面積あたりのトランジスタの数は、1年半ごとに2倍になるだろう」という法則を予言しました。トランジスタの数が2倍になれば、コンピュータの性能は2倍になります。1年半で2倍ですから、3年で4倍、4年半で8倍、6年で16倍と、急激なペースで性能が上がっていくことになります。驚くべきことに、この「ムーアの法則」が提唱されてから50年以上にわたって、ほぼこの法則通りにコンピュータの性能が上がっていきました（**図8**）。「ムーアの法則」を満たすように、トランジスタのサイズが年々小さくなっていったのです。現在、トランジスタは10ナノメートル（10万分の1ミリメートル）くらいまで小さくなっています。人間の髪の毛の太さはおおよそ0・1ミリメートルですから、髪の毛の1万分の1の幅ということになり

**図8 ムーアの法則に従うIntel製CPU上のトランジスタ数の成長**
（出典：Wikipedia「ムーアの法則」の図（©Julben）を参考に作成）

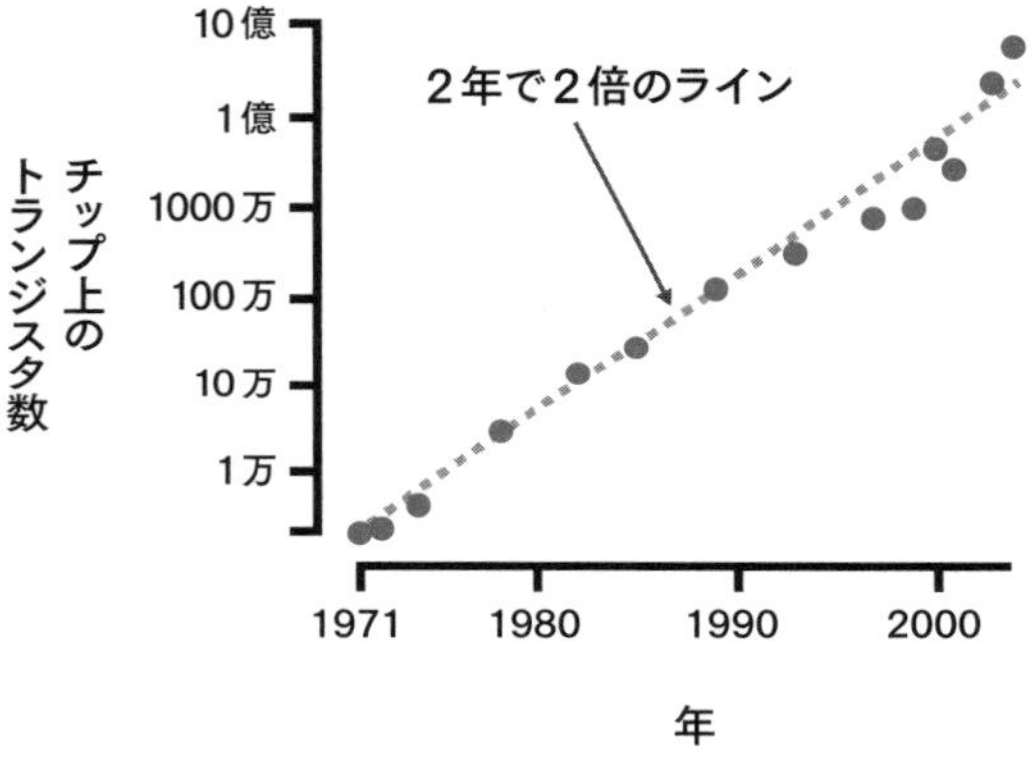


ます。驚くべき技術です。

しかし、ついに近年、「ムーアの法則」の限界が近づいていると言われています。それは、トランジスタのサイズが、原子1個のサイズに迫っているからです。現在のトランジスタのサイズが約10ナノメートルなのに対して、原子1個の大きさは約0・1ナノメートルです。これ以上トランジスタが小さくなってくると、原子1個の大きさが影響を与えるレベルになります。その結果、最終的にはトランジスタがスイッチとしてきちんと機能しなくなるのです。「ムーアの法則」の限界とは、これ以上小さなトランジスタを作るのが難しいという技術的な限界ではありません。物質が原子という単位から成り立っている以上、本質的に避けられない根本的な限界なのです。コンピュータの性能をこれ以上高めるためには、単にトランジスタを小さくする、というこれまでのアプローチの延長では難しくなっているのです。

## ◆量子コンピュータの必要性

「ムーアの法則」が限界を迎え、現代のコンピュータの性能はもはやそれほど向上しないかもしれません。そうはいっても、現代のコンピュータは十分に速いですし、皆さんが日常生活で不便を感じることはそれほど多くないでしょう。もう現代のコンピュータで十分じゃないかと思う方もいるかもしれません。しかし、そんなことはありません。それどころか、現代の社会では、むしろより性能の高いコンピュータが欲しいという要望が高まっています。例えば近年、人工知能の技術が目まぐるしく進歩しています。Google が開発した人工知能「アルファ碁」が、世界最強の囲碁棋士と囲碁で勝負して打ち負かしたというニュースは記憶に新しいでしょう。人工知能は、自動車の自動運転や、病気の診断など、未来の様々な技術やサービスに欠かせません。そのさらなる発展のためには、コンピュータそのものの進歩も不可欠だと言われているのです。また、大学や研究機関における基礎研究や、産業界の製品開発やサービスなどでは、色々と高度な計算が要求されます。そのような高度な計算に対して、現代のコンピュータの性能は決して十分とは言えません。高度な計算を行うには、しばしばスーパーコンピュータのような大型のコンピュータが用いられています。しかし、スーパーコンピュータは、皆さんが日常的に使うコンピュータと仕組みは同じです。いうなれば、単純にコンピュータをたくさんつなげることで計算処理能力を高めただけなのです。コンピュータを1000台つなげれば、1000倍の計算ができるのは当然です。それだけ大型にしたとしても、現代のコンピュータにはどうしても苦手な計算があり、解くことが難しい問題が山ほどあるのです。

コンピュータの機能を劇的に向上するためには、今のコンピュータの単なる延長ではない、本質的に新しいコンピュータが必要です。そこで登場するのが、量子コンピュータです。すでに説明した通り、量子コンピュータは、現代のコンピュータの仕組みをベースに、「量子」という新しい性質をプラスアルファしてパワーアップさせたものです。この「量子」という性質により、本質的にこれまでのコンピュータにはできない計算ができるようになるのです。

コンピュータは、数字の計算を何かしらの物理現象に置き換えて解く道具だと、これまで説明してきました。そろばんなら珠の位置を移動させるという物理現象、機械式計算機ならかみ合った歯車を回すという物理現象、電子計算機ならトランジスタというスイッチをON／OFFするという物理現象です。これらの物理現象は、基本的に高校で習う物理法則で全て説明できます。

そろばんの珠、歯車、トランジスタは、いずれもたくさんの原子から構成された比較的大きな物質です。トランジスタの大きさは10ナノメートルですから、日常的な感覚からすればかなり小さいですが、それでも原子1個と比べれば十分大きなサイズです。これに対して、もっと小さな物質、つまり原子1個や、原子の中に含まれる電子1個を考えてみましょう。原子1個や電子1個も、そろばんの珠や歯車、トランジスタと同じ物理法則に従うのが当然のように思われます。しかし、実はそうなりません。原子1個や電子1個に着目すると、高校の物理で習ったような物理法則が適用できなくなり、ミクロな世界特有の新しい物理現象が姿を現します。このような、極めてミクロな世界の粒子に成り立つ物理法則が「量子力学」です。現代のコンピュータは「物理現象」を使って計算するとはいっても、「量子力学の物理現象」は使っていませんでした。だとしたら、「量子力学の物理現象」も使って計算する道具というのも考えられるはずです。これこそが、量子コンピュータなのです。

## ◆量子コンピュータの誕生

量子コンピュータというアイデアがこの世に生まれたのはいつ頃なのでしょうか。量子コンピュータ研究の始まりは、1980年代初めのリチャード・ファインマンのアイデアにさかのぼります。ファインマンは、別の研究業績でノーベル物理学賞を受賞している非常に有名な物理学者です。当時、ファインマンが思いついたアイデアは、「自然現象は量子力学の原理に従っているのだから、自然現象をコンピュータでシミュレーションしたければ、量子力学の原理に従ったコンピュータが必要だ」というものでした。そこで1985年にデイヴィッド・ドイッチュが、量子力学の原理に従うコンピュータの計算が数学的にどのように書き表せるのかという基礎理論を作り上げました。この出来事が、量子コンピュータ研究の出発点となります。ドイッチュは、「量子コンピュータの生みの親」とも言われています。

ドイッチュの理論によれば、量子コンピュータには、従来のコンピュータが簡単には真似できない計算の機能が備わっていることがわかります。しかし、その後しばらくの間、量子コンピュータが一体どういう計算に役に立つのか、誰にもわかりませんでした。1994年に転機が訪れます。ピーター・ショアが、量子コンピュータで素因数分解を高速に解くための解法を見つけ出したのです。素因数分解とは、例えば15＝3×5のように、整数を素数の掛け算の形に分解することです。15くらいの小さな数なら、暗算でもできますね。では、「34579」の素因数分解はどうでしょう？　暗算では難しいでしょう。答えは34579＝151×229です。素因数分解は、数字の桁数が増えると劇的に難しくなります。数字が数百桁まで大きくなると、現代のコンピュータでも解くのに数千年や数万年という膨大な時間がかかるのです。しかし、ショアは、量子コンピュータ特有の解法を使えば、圧倒的に高速に素因数分解ができるということを発見したのです。

ショアの発見は、非常にインパクトがありました。というのも、もし素因数分解が速く計算できてしまうと、現代のインターネット等での安全な通信を可能にしている暗号技術が簡単に破られてしまうのです。例えば皆さんがネット通販で商品を購入するとき、クレジットカードの番号を入力して送信することがありますね。この通信が悪者に盗聴されたとしましょう。クレジットカードの番号が外部に漏れてしまうと、勝手にクレジットカードを使われてしまいます。これを防ぐため、実際には通信をする前にクレジットカードの番号を暗号化して、盗聴されてもわからないようにして送られます。現在使われているRSA暗号と呼ばれる方式では、「大きな数の素因数分解の計算は難しい」という前提の下で、解読されにくい暗号になっています。逆に言うと、もし量子コンピュータが登場し、素因数分解が簡単に計算できるようになってしまうと、RSA暗号は破られてしまうのです。ショアの発見により、量子コンピュータは世界の安全を脅かしうる存在となり、多くの専門家から注目されるようになりました。また、その後にも量子コンピュータが今のコンピュータよりも得意な計算が何種類かわかってきました。

量子コンピュータの意義がはっきりすれば、それを作ろうという意欲も高まります。ショアの発見後、世界中の研究者が量子コンピュータ開発に取り組み始めました。2000年代には世界中の大学や研究所で量子コンピュータの基礎技術開発が進められ、2010年代には様々な大手企業も開発に参戦して、現在の量子コンピュータ・ブームへとつながっています（図9）。

図9 量子コンピュータの歴史

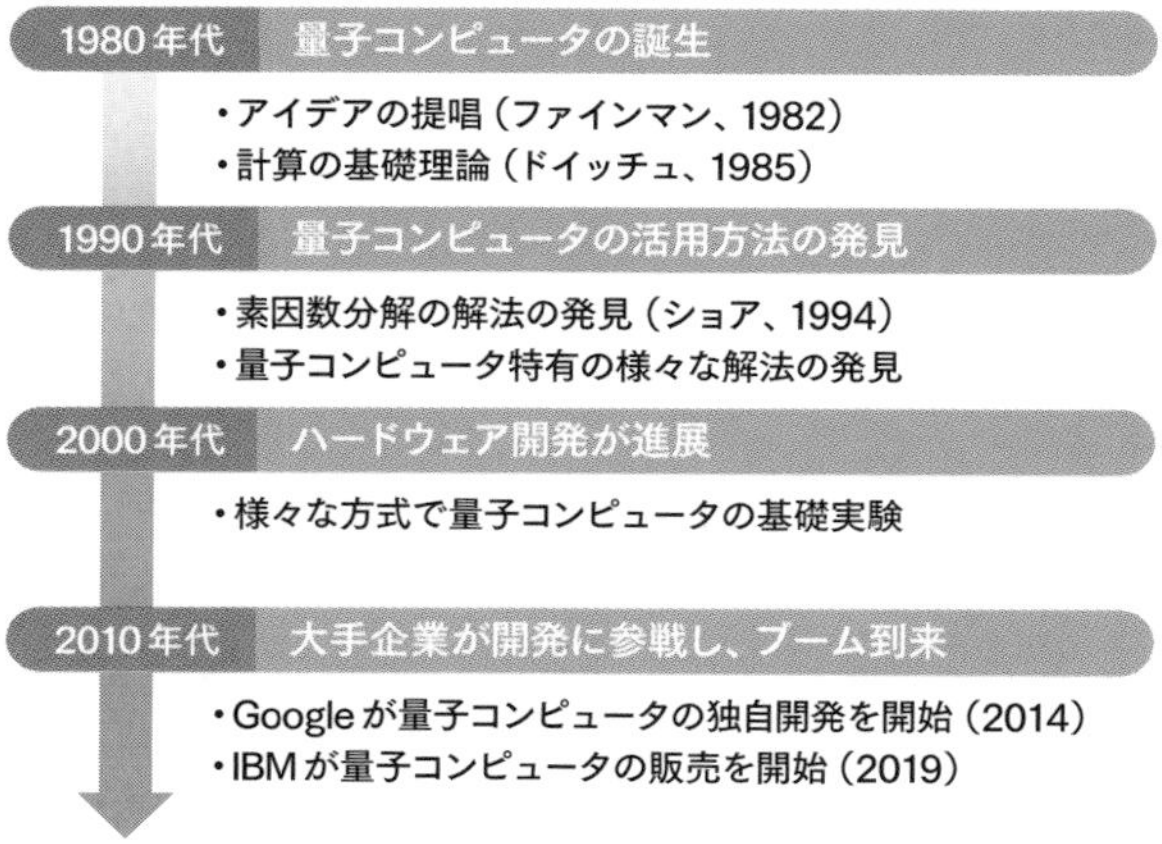
1980年代 量子コンピュータの誕生
・アイデアの提唱（ファインマン、1982）
・計算の基礎理論（ドイッチュ、1985）
1990年代 量子コンピュータの活用方法の発見
・素因数分解の解法の発見（ショア、1994）
・量子コンピュータ特有の様々な解法の発見
2000年代 ハードウェア開発が進展
・様々な方式で量子コンピュータの基礎実験
2010年代 大手企業が開発に参戦し、ブーム到来
・Googleが量子コンピュータの独自開発を開始（2014）
・IBMが量子コンピュータの販売を開始（2019）

## ◆量子コンピュータで世の中はどう変わる?

今後、もし本当に役立つレベルの量子コンピュータが完成したら、何の役に立つのでしょうか?

すでに説明した通り、量子コンピュータはあらゆる計算が速くなるわけではありません。量子コンピュータだと速く解くことのできる問題の種類は、いくつかの限られた例しかわかっていません。その他の問題については、量子コンピュータでも現代のコンピュータでも計算速度は同じです。量子コンピュータができると、私たちが日常的に使うようなスマホやパソコンは全て量子コンピュータに置き換わると思っている方も多いようです。しかし、そんなことはありません。現代のコンピュータで十分な用途には、現代のコンピュータを使えばよいでしょう。量子コンピュータは、量子コンピュータが得意な計算を行うときにだけ使う、特別な用途のコンピュータになるはずです。近くのデパートに車で買い物に行くというときに、わざわざF1のレーシングカーは使いませんよね。普通の自動車で十分です。あくまでレーシングカーは特別な用途の車で、一般道を走るときにわざわざ使う必要はありません。量子コンピュータとは、そういうレーシングカーのようなものなのです。

それでは、量子コンピュータはどういう「特別な用途」に使われることになるのでしょうか？　これまでの説明の中で、量子コンピュータでは素因数分解が速く計算できるという話をしました。しかし、素因数分解ができたところで、何の役に立つかわかりませんし、専門家以外にはあまり嬉しくありません（暗号解読には使えるのかもしれませんが）。量子コンピュータが将来的に最も活躍するだろうと考えられている用途の1つに、化学の計算があります（**図10上**）。高校の化学では、身の回りのものが全て原子から成り立っていることを勉強しますね。身近な様々な材料、例えばプラスチック、ガラス、金属、コンピュータ部品に使われる半導体など、その性質は素材を構成する原子の組合せによって決まりま

図10 量子コンピュータが私たちの日常生活にもたらす恩恵

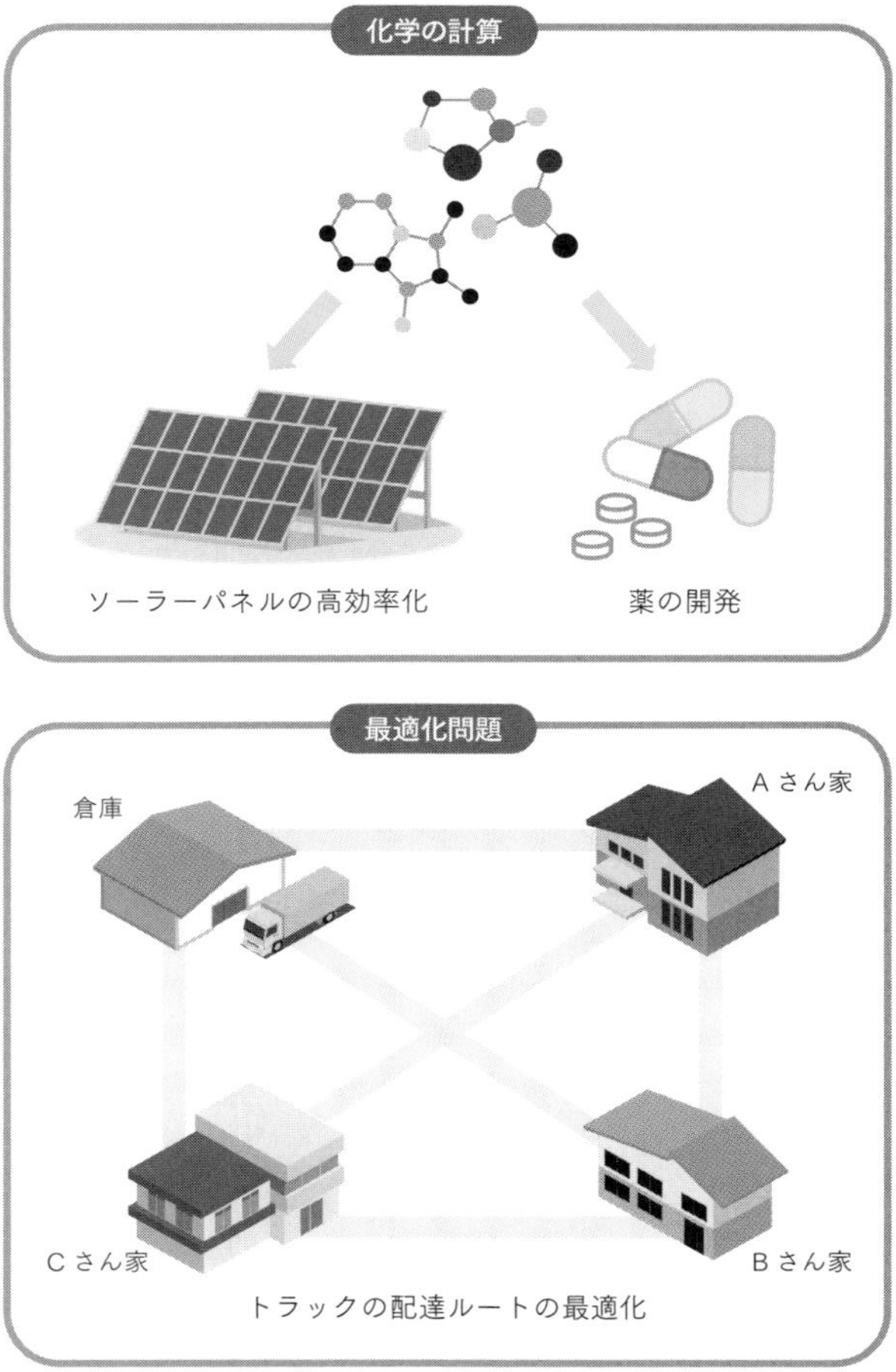

す。今、何か役に立つ機能を持った新素材を作りたいとしましょう。その場合、あてずっぽうで原子を組合せて新素材を合成しても、欲しい機能が得られるかはわかりません。そのため、スーパーコンピュータを使った化学計算で、どのような原子の組合せが良いのか「下調べ」するのです。量子コンピュータを使うと、このような化学の計算がもっと効率よく、正確に行えることが知られています。これができると、私たちの生活に役立つ機能を持つ素材を設計できるようになります。例えば、太陽の光のエネルギーを電気エネルギーに変えるソーラーパネルというものがありますね。現在のソーラーパネルのエネルギー変換効率はたった20%、つまり太陽から来るエネルギーの5分の1しか活用できていないのです。もし、もっとエネルギー変換効率の良い素材が設計できれば、地球のエネルギー問題の解決にもつながるかもしれません。また、化学の計算は薬の開発にも直結します。量子コンピュータを使えば、特定の病気に効き目のある薬、副作用のない薬、さらには各患者に合わせてデザインされた薬など、自由自在に薬を設計できるようになるかもしれません。医療技術は今よりずっと進歩するはずです。

量子コンピュータが活躍するであろう「特別な用途」のもう1つの例として、最適化問題があります。最適化問題とは、何通りもあるパターンの中から、最も良いパターンを1

つ選びだすものです。身近な例としては、宅配便のトラックの配達ルートを最適化する問題があります（**図10下**）。倉庫で配達する荷物をトラックに乗せた後、Aさんの家、Bさんの家、Cさんの家…などの10地点に荷物を届けて、また倉庫に戻りたいとします。どのような順番で家を回るのが最短ルートでしょうか？　この問題はたくさんあるルートの中から最適なルートを選び出す、最適化問題です。もしこのような問題が速く解けるようになれば、より効率よく、より早く、荷物を届けることができるようになるでしょう。他にも、最適化問題は身の回りにたくさんあります。製造業においては、工場内での人員配置や製造プロセスを最適化することで、商品の製造コストが下げられるかもしれません。金融業においては、株や不動産など、どこにどれだけ投資するかを最適化することで、より高い利益を出せるかもしれません。このように、組合せ最適化問題が適用できる分野は広く、あらゆる分野の効率アップに役立つでしょう。

以上で挙げた例は、量子コンピュータがもたらしうる未来のほんの1側面にすぎません。現代のコンピュータが初めて世の中に誕生した当初も、コンピュータがこれほどまで私たちの生活を変えるとは、誰も想像できなかったでしょう。量子コンピュータが生まれれば、きっと、私たちの思いもよらない使い方やサービスが登場するでしょう。そして、世の中は今よりもより一層豊かになるはずです。

現時点で、量子コンピュータはまだ使い物になるレベルではありません。実用上役に立つレベルの量子コンピュータが登場するまでには、まだまだ時間もコストもかかります。しかし、量子コンピュータが完成したときのメリットはすでに理論的に保証されており、そのインパクトの大きさは計り知れません。長い時間とコストをかけても、取り組む価値のある研究であると私は思います。

## コラム 量子コンピュータには、ゲート型とアニーリング型の2種類ある？

量子コンピュータに関する国内の多くの記事は、次のような説明から始まっています。

「量子コンピュータには、ゲート型とアニーリング型の2種類あります。ゲート型はあらゆる計算ができる汎用的な量子コンピュータで、アニーリング型は組合せ最適化問題を解くのに特化した量子コンピュータです。」

この説明は、あまりに色々な記事で登場します。このため、皆さんは世界的にそう認識されているのだろうと誤解するでしょう。しかし、実は専門家の認識はかなり異なっています。世界中で、「量子コンピュータはゲート型とアニーリング型の2種類」と言っているのは日本だけです。

まず、「量子コンピュータ」と言ったとき、多くの専門家がイメージするものは1つです。それは、現代の汎用的なコンピュータの計算の仕組みをベースに、「量子」の性質でパワーアップさせた、汎用的な計算機です。現代のコンピュータは、どういう計算をしてほしいかという手順を人間が教えれば、色々な問題を解かせることができますね。つまり、様々な問題を解ける、汎用性があります。量子コンピュータも同様に、人間が計算手順を教えれば、様々な問題が解ける、汎用性があるものです。重要なことは、量子コンピュータでは、いくつかの問題において現代のコンピュータよりも速く解ける解法が見つかっていることです。量子コンピュータはそれらの問題を実行できるので、現代のコンピュータよりもパワーアップした性能が発揮できます。

この汎用的な量子コンピュータの作り方の1つが、日本で言うところの「ゲート型」です。「ゲート」とは、コンピュータが行う加減乗除のような簡単な計算1回を指します。ゲートを何回も繰り返して複雑な問題を解くので、日本ではこれを「ゲート型」と呼ぶようです。本書では触れませんが、他に「測定型」や「断熱型」など、色々な量子コンピュータの作り方があります。

一方、量子アニーリングというのは、量子コンピュータに特有の最適化問題の解法の1つを指す言葉です。その解法を実行するためだけに作られた専用装置は、量子アニーリングマシンと呼ばれます。当然、汎用機である量子コンピュータがあれば、量子アニーリングを実行することもできます。つまり、機能としては量子アニーリングマシンは量子コンピュータに含まれることになります。実は、量子アニーリングは、「量子」を使わない解法に比べて計算が速くなるかどうか、現時点ではよくわかっていません。つまり、量子アニーリングという解法は、「量子」の性質は使っているけれど、本当にそれでパワーアップするのか？というところからまだ研究段階なのです。ただ、量子アニーリングマシンの開発は、実は量子コンピュータよりも進んでいます。2011年から、D-waveというベンチャー企業が、量子アニーリングマシンの実機を販売していることは有名です。その実機を使って色々な問題を解いてみる研究が盛んに行われており、面白い研究分野であることは確かです。

以上からおわかりいただけるように、ゲート型とアニーリング型という2項対立は本質的に間違っています。量子アニーリングマシンのことを量子コンピュータと呼ぶ専門家もほぼ皆無で、通常は量子コンピュータとは別のものとして扱われます。この本では一般的な量子コンピュータ（ゲート型）の話だけを取り上げます。量子アニーリングに興味のある方は、別の書籍を読むことをお勧めします。

## 第1章のまとめ

◆コンピュータは、数字の計算を何かしらの物理現象に置き換えて解く道具です。現代のコンピュータの性能は、これまで「ムーアの法則」に従って着々と進歩してきましたが、その進歩も原理的な限界が近づきつつあります。

◆量子コンピュータは、従来のコンピュータで用いられていない「量子力学の」物理現象を使います。これにより、本質的にこれまでのコンピュータでできない計算ができるようになり、性能がパワーアップします。

◆現在、量子コンピュータのミニチュア版の「おもちゃ」はすでに作られています。しかし、実用レベルの量子コンピュータを作るには、技術的に未解決の課題が多く残されており、数十年以上の時間がかかるでしょう。

◆量子コンピュータが、現代のコンピュータよりも速く解ける問題の種類はわずかしか見つかっていません。しかし、新素材・薬の開発、最適化問題などの計算が高速化し、その影響力は極めて大きいと予想されます。

第2章

## 量子力学の最も美しい実験から探る
# 量子コンピュータの正体

## ◆量子コンピュータと量子力学

コンピュータは、「数字の計算を何かしらの物理現象に置き換えて解く道具」です。そろばんは、指で珠をはじくと位置が変わるという物理現象を使って計算します。現代のコンピュータは、電気的なスイッチがON／OFFして電気を通したり、通さなかったりするという物理現象を使って計算します。いずれも、馴染みのある物理現象を使っているので、計算の仕組みは比較的イメージしやすいでしょう。

一方、量子コンピュータは、計算を「量子力学の物理現象」を使って解く道具です。量子力学は、原子1個や電子1個といった、日常生活よりもずっとずっと小さな世界の仕組みをまとめた理論です。量子力学は、大学で物理や化学を専攻しない限り勉強する機会はほとんどありません。多くの方にとっては馴染みのない学問のはずです。しかし、量子コンピュータの計算の仕組みの本質的な部分を理解するためには、その背景にある量子力学を避けては通れません。量子コンピュータは、従来のコンピュータと根本的に何が違うのか？　どうして従来のコンピュータよりも高速に問題を解ける場合があるのか？　そういった疑問の根底には、量子力学の物理現象が深く関わっています。この章では、量子力学が関わる最も美しい実験の1つである「2重スリットの実験」を取り上げて、量子力学の不思議な世界を垣間見ることから始めましょう。さらに、「2重スリットの実験」と量子コンピュータが実は深く関わっていることを説明します。これがわかれば、量子コンピュータの仕組みの本質的な部分を物理現象と結びつけながらイメージできるようになるはずです。

一方で、読者の中には、「量子力学には興味がないから、早く量子コンピュータについて知りたい」という方もいるでしょう。実は、量子力学の知識はあえてスルーして、量子コンピュータの計算のルールを機械的に覚えていくという勉強の仕方もあります。しかし、私がこの本で明らかにしたいのは、量子コンピュータの計算のルールそのものよりも、量子コンピュータの「正体」です。その「正体」がわかれば、量子コンピュータの振る舞いの本質的な部分を解き明かすことができるのです。このために、この章で少しだけ、量子力学の話にお付き合いください。

## ◆量子力学はどれくらいミクロな世界か？

量子力学は、「日常生活よりもずっとずっと小さな世界の仕組みをまとめた理論」だと述べました。どれくらい小さな世界の話なのか、まずはイメージしてみましょう。

そもそも量子とは、とても小さな物質や量の単位を指す言葉です。例えば、**図1**のように、私たちの身の回りの物質は、細かく見ていくと全て原子という小さな粒から成り立っています。原子は物質の構成単位であり、量子の1つです。原子をさらに細かくみると、マイナスの電気を持つ電子、プラスの電気を持つ陽子、そしてプラスでもマイナスでもない中性子というさらに細かい単位が出てきます。電子、陽子、中性子など、これらも全て量子です。

原子1個がどれくらい小さいか、皆さんは知っていますか？　原子1個のサイズは、約0・1ナノメートル。ピンとこないかもしれません。そこで、原子1個の大きさをピンポン玉と比べてみましょう。この大きさの比は、**図2**のようにピンポン玉と地球の大きさの比と同じくらいになります。つまり、ピンポン玉を地球の大きさまで大きくすると、原子はピンポン玉と同じくらいの大きさになります。原子1個は、あまりに小さすぎて、肉眼で

**図1** 身の回りの物質は、たくさんの量子からできている

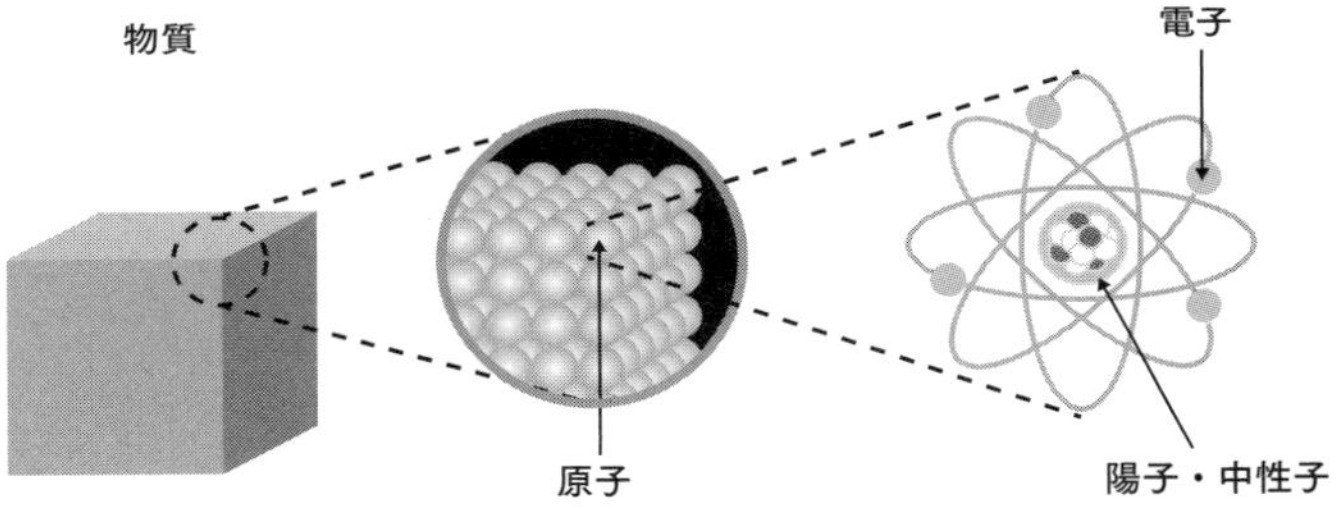


**図2** 量子はどれくらい小さいか？

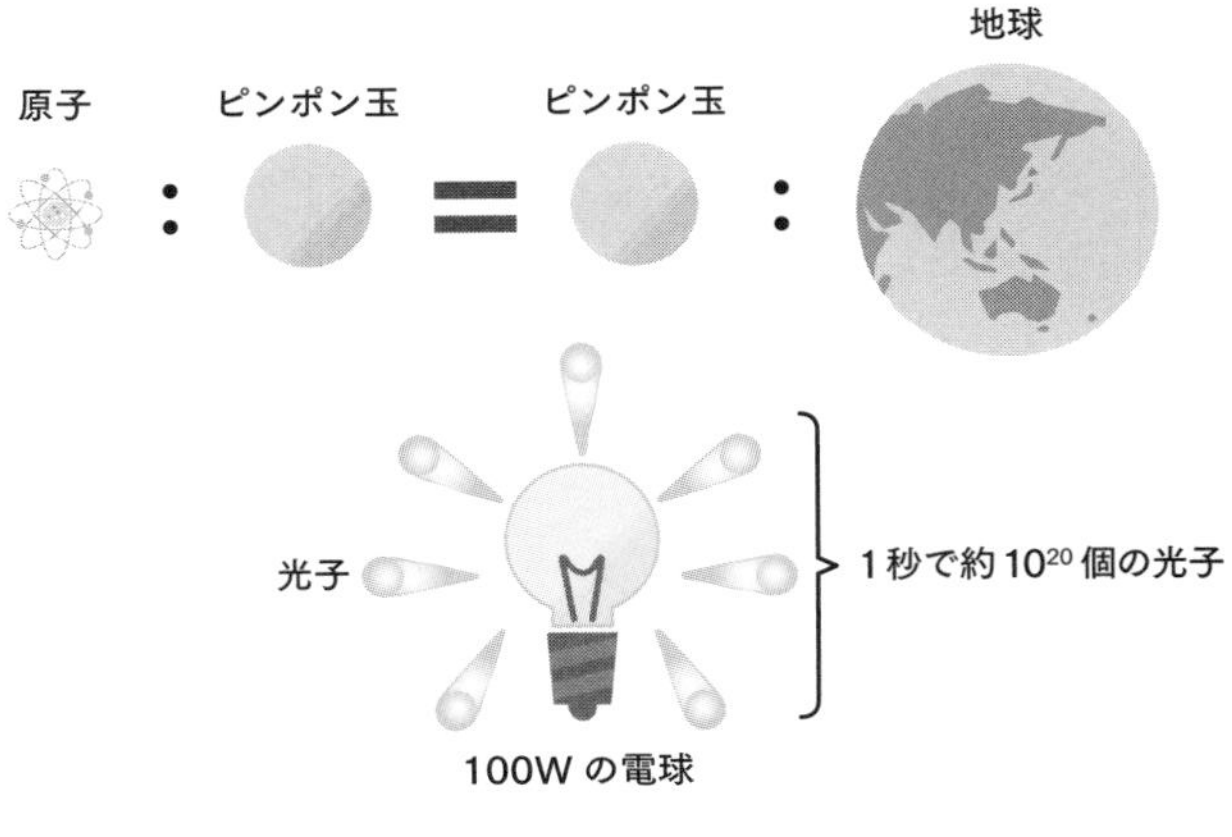

はもちろん、光学顕微鏡を使っても全く見ることができません。電子、陽子、中性子などは、それよりもさらに小さいことになります。

一方で、光にも構成単位である量子があります。それは光子と呼ばれます。より正確に言うと、光子は光のエネルギーの量の最小単位です。光に最小単位があるというのは少し不思議な話です。というのも、光は、暗くて小さな光へとどんどん分割していけば、いくらでも小さな光へと分割できそうに思えるからです。しかし、実際はそうではありません。光にはこれ以上分割できない最小単位があるのです。この事実に初めて気づいたのはアインシュタインで、1905年に「光量子仮説」として発表しました。アインシュタインといえば、「相対性理論」の方が有名ですが、実はアインシュタインがノーベル賞を受賞した理由はこの「光量子仮説」の方なのです。

光子1個がどれくらい小さな光なのか、想像がつかないでしょう。例えば、家庭でも使われるような100Wの蛍光灯からは、1秒間に10の20乗個という、とてつもない個数の光子が飛び出ています（図2）。逆に言うと、光子1個というのは極めて弱い光です。当然、人間が日常生活で光子1個を認識できることはありません。

私たちが日常生活で目にしているのは、たくさんの量子の集合体です。そういった、比較的大きなものの振る舞いは、高校で習う物理で説明できます。例えば、リンゴが重力に従って木から落ちる現象や、地球が太陽の周りを回る運動は、高校で習う力学を使って説明できます。しかし、量子1個レベルのミクロな世界ではどうでしょう。例えば1個の原子の中では、中心にある陽子と中性子の周りを電子が周っています。一見すると、地球が太陽の周りを回る運動とそっくりです。しかし、実際の電子の運動は、高校の物理では全く説明がつかないのです。そこで、このような量子の振る舞いをきちんと説明できるように理論をまとめ直したものが、量子力学です。これに対して、高校までに学習する力学は「古典」力学と呼ばれます。「古典」といっても、「古びた」とか「廃れた」といったネガティブな意味合いはありません。20世紀初頭に量子力学が生まれる以前から知られていた力学を、量子力学と区別するためにそう呼んでいるだけです。現在でも、古典力学は比較的大きなものの振る舞いを調べるときに役に立っています。しかし、身の回りの物を細かく見ていくと、すべては量子で成り立っており、世の中の物理現象を本当に支配しているのは量子力学と言えるでしょう。

量子力学の世界は、私たちの日常感覚とは全く異なるものです。まるで、異国の地に行ったかのように、私たちの知っている常識が通用しない世界なのです。「光量子仮説」を提唱したアインシュタインすらも、量子力学の物理法則については最後まで納得しなかったと言われています。これから皆さんを量子力学の不思議な世界へと案内していきますが、初めは受け入れられないことも多いでしょう。しかし、「異国の地」も、しばらく過ごしているうちに慣れてきます。量子力学を専門としている私も、大学1年の授業で量子力学が出てきたときには、よく理解できずに頭を悩ませたものです。今でも、量子力学に納得したというよりは、慣れたという感覚に近いと思っています。皆さんも、あまり身構えずに、ミクロな世界はそういう風にできているのだと、慣れることが第一です。

## ◆「2重スリットの実験」〜水面を進む波の場合〜

量子の世界はどのように不思議なのでしょうか？　その不思議さをよく実感できるシンプルな実験として、「2重スリットの実験」があります。これは、ある雑誌の読者による投票で「科学史上最も美しい実験」に選ばれたこともある有名な実験です。「スリット」とは細長い隙間のことです。端的に言えば、2重スリットの実験とは、量子が2つの並んだ隙間を通り抜けるときに何が起こるかを調べるものです。このとき、量子は「粒でもあり、波

図3 水面を進む波が1つの隙間を通り抜けた場合

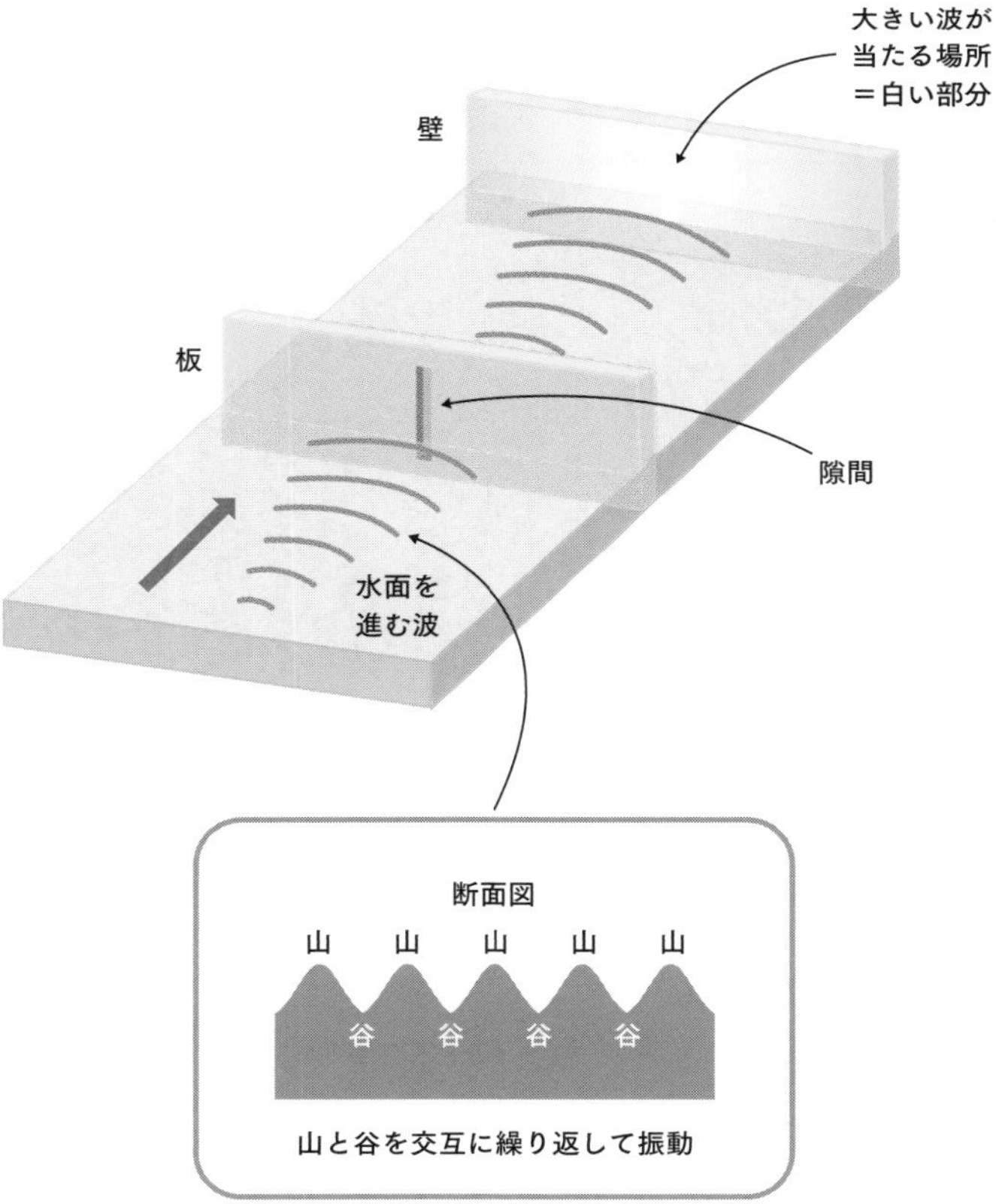

でもある」という奇妙な姿を私たちに見せてくれます。一体どういうことなのか、以下で見ていきましょう。

まず、量子のことを一度忘れて、水面を進む波の話をしましょう。お風呂で、湯船のお湯の表面を指で繰り返しつつくと、波が同心円状に広がりますね。このような波が、中央に細長い隙間の空いた板にぶつかったとします。この様子を示したのが**図3**です。板にぶつかった波のうち、ほんの一部はこの隙間を通り抜けます。隙間を通り抜けた波は、少し広がりながらまた水面を進んでいき、後ろの壁にぶつかります。最も大きな波が当たるのは、後ろの壁のちょうど真ん中になります。

次に、**図4**のように板に細長い隙間を2個開けたとしましょう。何が起きるでしょうか？この場合、それぞれの隙間を通った波が、広がりながら後ろの壁の方へ進んでいきます。そして、2つの波が重なり合います。波は、高い位置である「山」と、低い位置である「谷」を交互に繰り返して振動しています。もし、2つの波が、全く同じ振動のタイミングで重なり合うとどうなるでしょう。片方の波が山のとき、もう片方の波も山となり、片方が谷のとき、もう片方も谷となります。この場合、2つの波は強め合ってより大きな波となります。一方で、もし2つの波が、ちょうど逆転した振動のタイミングで重なり合うとどう

**図4** 水面を進む波が2つの隙間を通り抜けた場合

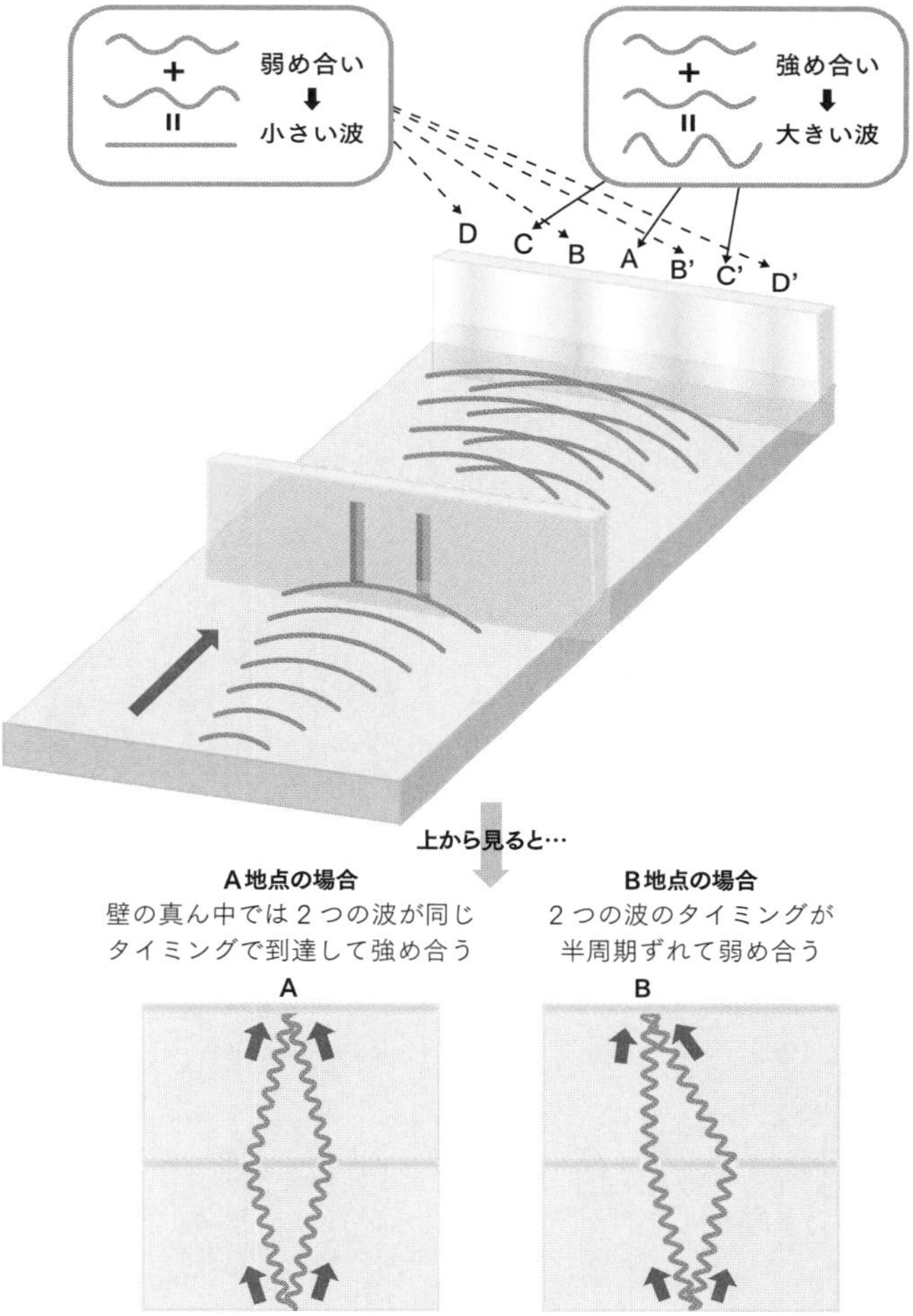

でしょう？　片方の波が山のとき、もう片方の波は谷になります。この結果、2つの波は弱め合って小さな波となります。このように、複数の波が強め合ったり弱め合ったりする現象を「干渉」と呼びます。

「干渉」の身近な例に、ヘッドフォンのノイズキャンセリング機能があります。これは、周囲の騒音を聞こえないようにする機能です。音は、空気の振動が伝わっていく波です。そこで、ヘッドフォンから、周囲の騒音の波と山と谷の位置をちょうど逆転させた音の波を発生させます。この結果、2つの波は弱め合うように干渉し、騒音が聞こえなくなるのです。

今回のように、隙間を通った2つの水面の波が干渉する場合、後ろの壁では波が大きくなる位置と弱くなる位置が交互に現れます。なぜそうなるのでしょうか？　左右の隙間を通り抜けた直後の2つの波は、同じタイミングで山と谷を繰り返しながら振動しています。この2つの波が、広がりながら壁の方へ進みます。**図4**のように、壁のちょうど真ん中のA地点は、2つの隙間からちょうど同じ距離です。この場合、A地点に到達した2つの波は、同じ振動のタイミングで重なり合い、常に強め合います。しかし、A地点から左か右にずれていくと、到達する2つの波の振動のタイミングが少しずつずれていきます。例えばB地点では、ちょうど波の周期の半分だけ振動のタイミングがずれ、2つの波の山と谷が出会います。この結果、2つの波は常に打ち消し合って、全く波が来なくなるのです。B地点から、C地点、D地点とさらに位置をずらしていくと、強め合って波が大きくなる位置と、弱め合って小さな波となる位置が、縞模様のように交互に現れることがわかります。この結果、波の干渉によって壁に縞模様が現れるというのが、水面を進む波の2重スリット実験の結論です。

## ◆「2重スリットの実験」〜電子1個の場合〜

さて、ここからが本番です。水面の波の代わりに電子1個で同じ実験をしてみましょう。**図5上**のように、中央に細い隙間の空いた板に向かって、電子を1個ずつ発射してぶつけます。すると、隙間を通った電子は、後ろの壁の中央にぶつかります。電子は言わば小さな粒のようなものですから、隙間を通ったらそのまままっすぐ進んで壁にぶつかるのは当然です。

続いて、**図5下**のように板に細長い隙間を2個開けたとしましょう。今度は電子は後ろ

## 図5 電子で同じ実験をするとどうなるか？

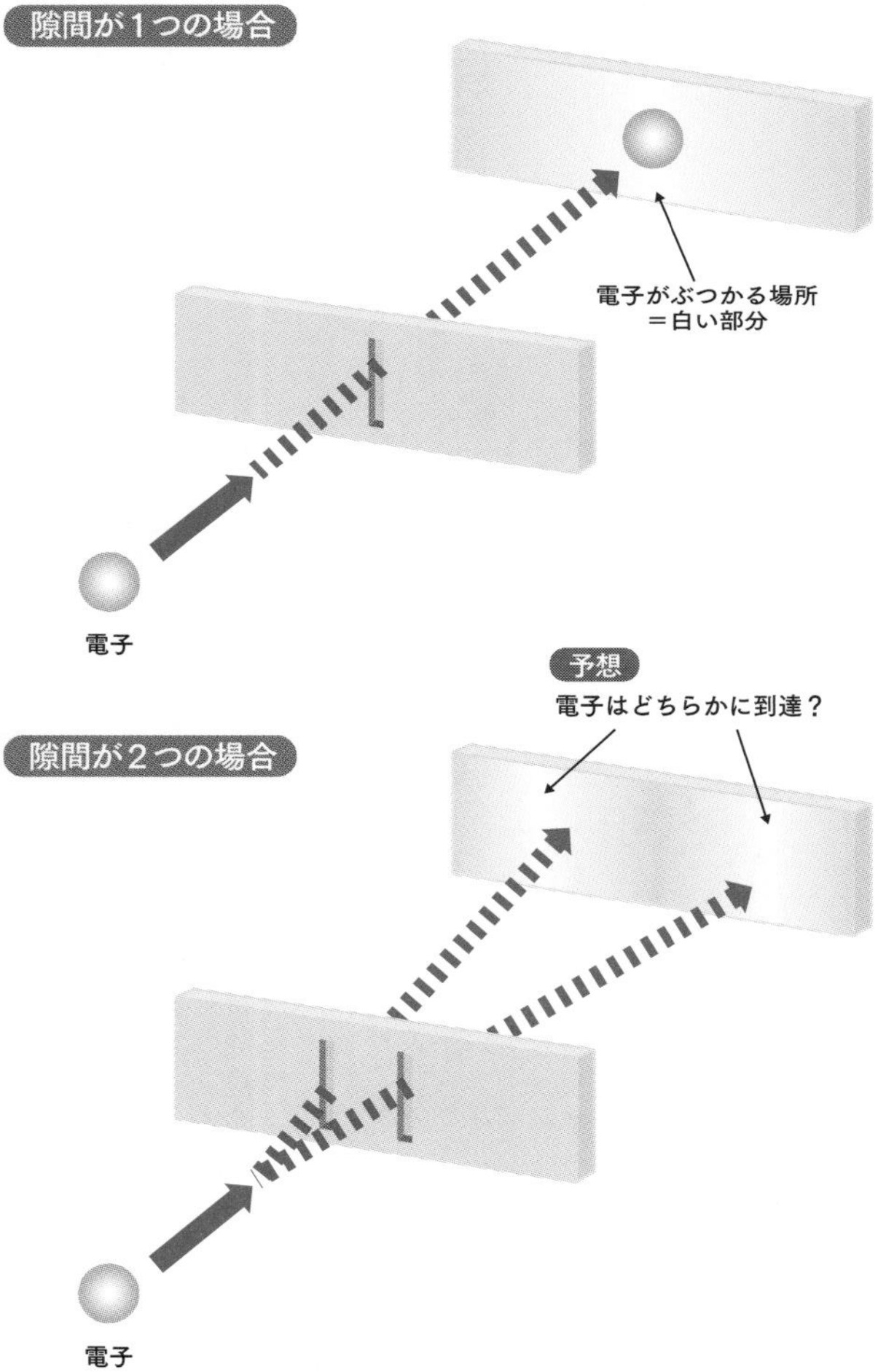

の壁のどこに当たるでしょうか？　電子がもし左の隙間を通ったなら、電子はそのまま直進して壁の左寄りの位置に当たるでしょう。右の隙間を通ったなら、壁の右寄りの位置に当たるでしょう。従って、電子は壁の左寄りか右寄りかのどちらかの位置に当たると予想できます。しかし、実際にやってみると、実験結果は予想に反します。その結果が**図6**です。まず電子1個を発射すると、壁のある1点にぶつかります。もう1個発射すると、今度は別の1点にぶつかります。これを繰り返していくと、電子が当たった点が積み重なっていきます。最後には、電子が当たった位置と当たらなかった位置が、縞模様のように交互に現れるのです。これは水面の波の実験において、壁に波の大きな位置と小さな位置が縞模様のように並ぶのと似た結果です。

この結果は奇妙です。私たちの日常感覚からすれば、電子は壁の左寄りか右寄りのどちらかに当たるはずです。当然、サッカーボールのような大きな物質で同じ実験をすれば、予想通り2か所どちらかに当たるでしょう。なぜ、電子ではそうならないのでしょうか？　試しに、板にある2つの隙間のうち、右側の隙間を閉じてみます。電子を発射すると、電子は左側の隙間を通って、壁の左寄りの位置に当たりました。次に、左側の隙間を閉じてみます。今度は電子は右側の隙間を通って、壁の右寄りの位置に当たりました。ここまでは、

**図6 電子で2重スリット実験を行った場合の実際の結果**

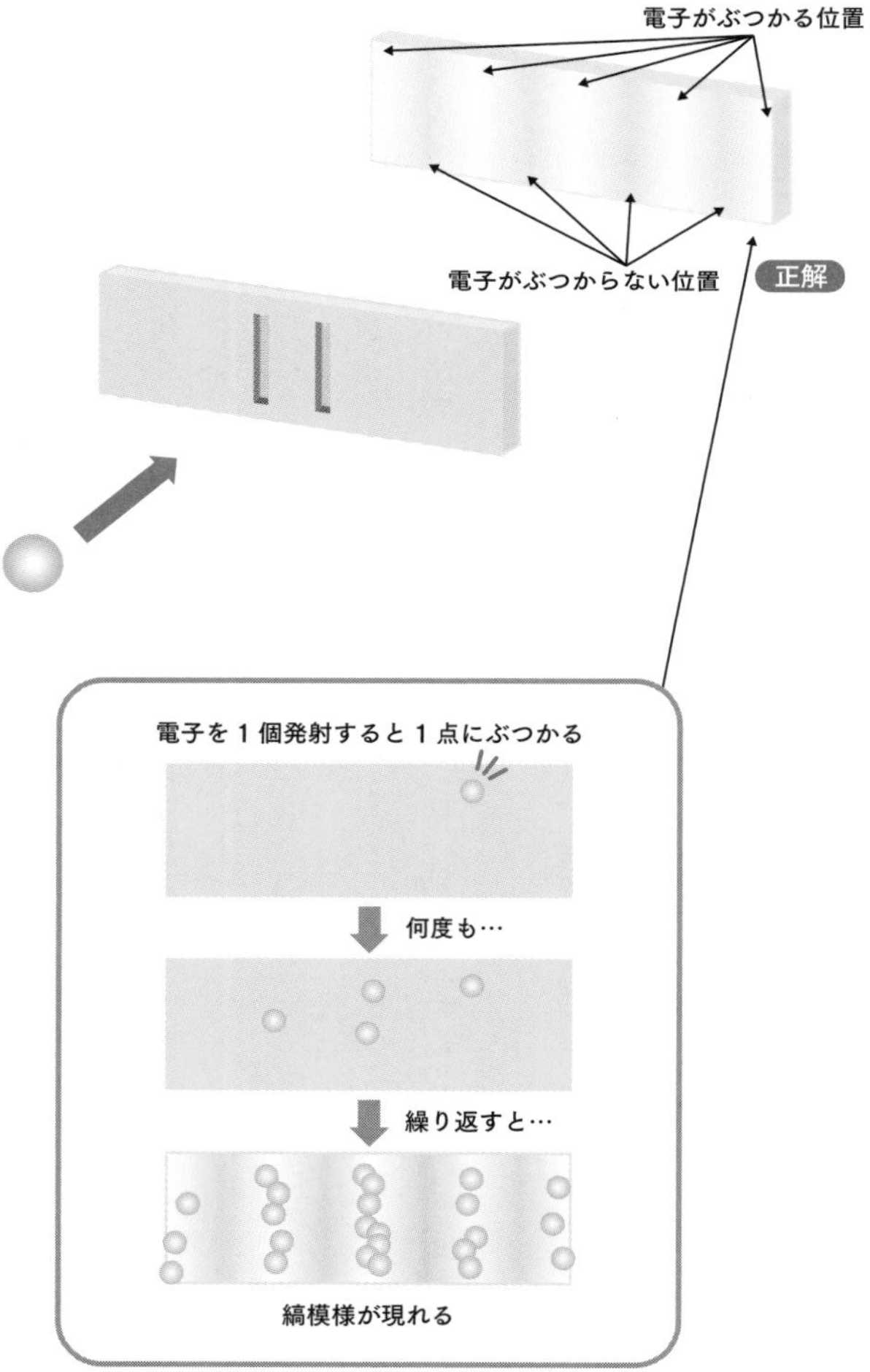

日常感覚と合う結果です。しかし、再び2つの隙間を開いてみると、壁に現れるのはこの2つの結果を足し合わせたものではなく、なぜか縞模様になります。2つの隙間を同時に通ることのできる条件にしたときだけ、私たちの知らない「何か」が起こって、壁に縞模様が現れるのです。

## ◆電子は2つの隙間を同時に通っている？

なぜ、2つの隙間を同時に通ることのできる条件にすると、後ろの壁に縞模様が現れるのでしょうか？　この事実は、電子が、左の隙間を通ったか、右の隙間を通ったかの2択で考えてしまうと、どうしても説明できません。

電子を打ち出すと壁に縞模様が現れる現象は、水面の波の実験の縞模様と似ています。水面の波の場合、2つの隙間を通った波が、干渉によって強め合い・弱め合いを起こすことで、縞模様が現れました。電子の場合も同様な干渉が起こったと予想されます。しかし、電子は1個しかありませんから、2つの隙間を同時に通ることのできる波とは違って、2つの隙間を同時に通れるはずはありません。最終的に後ろの壁の1点に当たるわけですから、電子が2つに分裂して両方の隙間を通ったわけでもありません。そこで、こう考えざるを得ないのです。

「電子は左の隙間を通った可能性と、右の隙間を通った可能性があり、どちらの可能性にも確定せずに、両方の可能性を『重ね合わせた』状態になっている。2つの波を重ね合わせると干渉が起きるように、1個の電子の中で2つの可能性が重ね合わさることで干渉が起こる。」

つまり、電子はどちらの隙間を通ったかの2択なのではなく、「重ね合わせ」という状態になって両方の隙間を同時に通り抜けた、と考えるのです。

干渉による縞模様を具体的に説明するには、電子は「粒でもあり、波でもある」と考えます。水面の波の振る舞いを思い出しながら、**図7**のようにイメージしてみましょう。電子は、発射された直後は1個の粒でした。しかし、その後はあたかも波のように広がりながら空間を進んでいきます。実体は1個で、1か所にしか存在しないはずの電子。それが、波として空間に広がり、異なる複数の場所に存在する可能性を持ちながら進みます。これこそが「重ね合わせ」という状態なのです。波として進んだ電子は、水面の波のように2つの隙間を同時に通って干渉を起こします。しかし、電子の波を壁に当てて、電子がどこ

**図7** 2重スリット実験の縞模様は「重ね合わせ」によって起こる

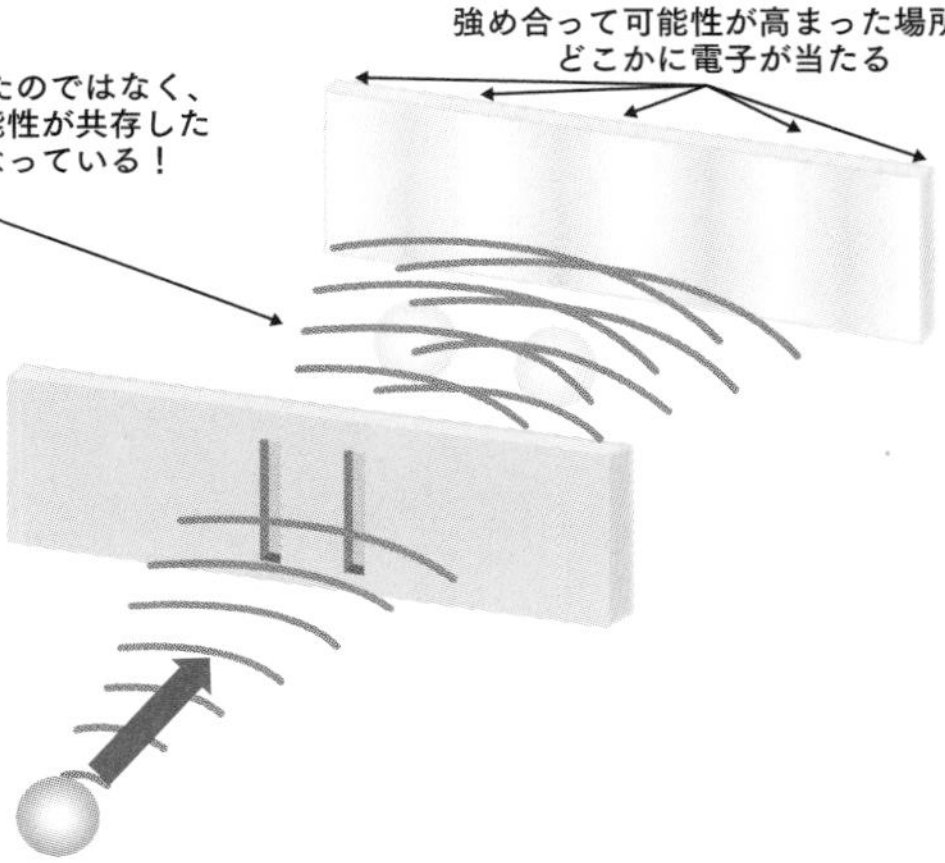
強め合って可能性が高まった場所のどこかに電子が当たる
どちらか一方を通ったのではなく、左右両方を通った可能性が共存した重ね合わせ状態になっている！


にいるのかを調べようとした瞬間に、電子はまた1個の粒に戻って1か所に現れるのです。波の大きさは、電子がそこに存在する可能性の大きさを表しています。強め合って大きな波になった位置には、電子が現れやすくなり、弱め合って小さな波になった位置には、電子は現れにくくなります。この結果、電子を何個も発射して積み重なると、縞模様が現れるのです。

このように、2重スリット実験における電子は「粒でもあり、波でもある」ように振る舞います。そして、壁に現れた縞模様を説明するためには、「重ね合わせ」という新しい概念が必要になります。今回は電子の話をしましたが、2重スリット実験は原子1個や光子1個で行っても同様の結果となります。つまり、これらの性質は量子の世界に共通なのです。このような量子の振る舞いは、日常的な感覚とはかけ離れています。信じがたいという方もいるでしょう。しかし、長年の研究によって、ミクロな世界の真の姿はそうなのだと裏付けられています。なぜそうなっているのかと聞かれても、世界がそのようにできているからとしか答えようがないのです。

## ◆重ね合わせは壁に当たった瞬間に壊れる

電子が壁に当たった瞬間に起きることについて、もう少し深掘りしてみましょう。電子は、壁に衝突する直前までは、波のように広がって、異なる複数の場所に存在する可能性が重なり合っています。しかし、壁に衝突すると、**図8**のようにある1つの場所だけに現れます。これは、壁に衝突した瞬間に重ね合わせが壊れ、重ね合わされた複数の可能性の中のどれか1つに決まることを意味しています。

最終的に壁の1か所にポツリと現れる電子の姿は、私たちが通常イメージする粒としての電子の姿です。一方で、何度も電子を発射すると壁に現れる縞模様は、電子が壁に当た

**図8** 壁に当たった瞬間に重ね合わせが壊れる

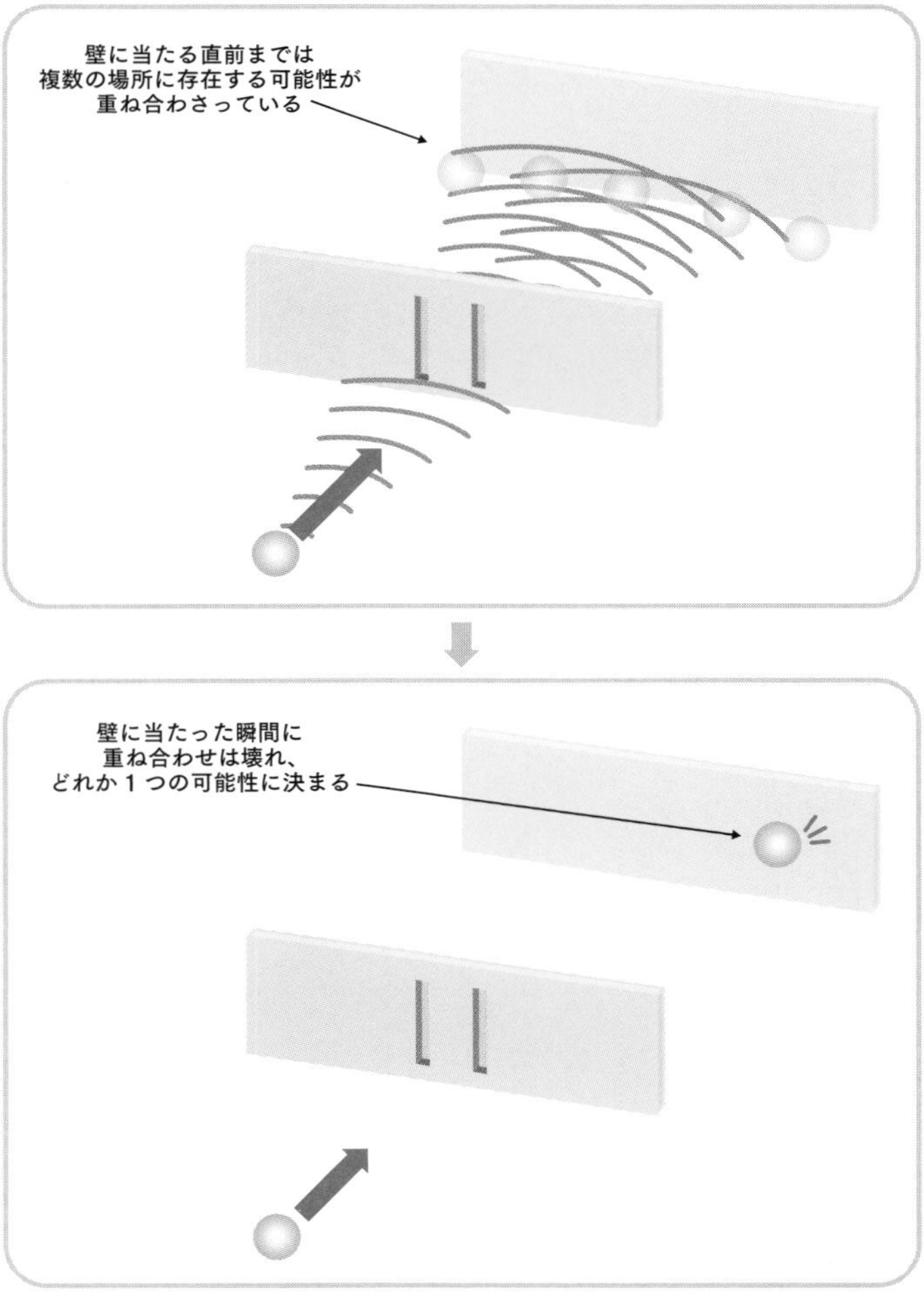

壁に当たる直前までは
複数の場所に存在する可能性が
重ね合わさっている
壁に当たった瞬間に
重ね合わせは壊れ、
どれか 1 つの可能性に決まる

る直前までは波のようにふるまっていた確固たる証拠です。電子は二重人格で、波としての性質と粒としての性質を両方持っています。しかし残念なことに、電子は大変シャイなので、波のように空間に広がったヘンテコな姿を私たちに見せてくれることはありません。私たちが電子の様子を見ようと思って壁に当てた瞬間に、電子は波の性質を捨て去って、1か所だけに存在する粒の姿に戻るのです。

私たち人間もそういう面がありますよね。1人で自分の部屋にいるときは、こっそり変なことをしたりもするでしょう。しかし、周囲に人がいて、誰かに見られている状況では、変な人とは思われたくないので、真面目に振る舞うでしょう。電子も同じです。人目がない間は波のような変な姿をしていて、人に見られた瞬間に真面目な粒の姿に切り替えるのです。

電子が壁に当たって1か所に存在する粒として現れる瞬間に、重ね合わさった複数の場所のどの場所に電子が現れるかは確率的に決まります。つまり、1回1回の電子の当たる位置を確実に予測することは、原理的に不可能です。量子の振る舞いが確率的にしか予想できないという事実を受け入れられなかったアインシュタインは、「神はサイコロを振らない」という言葉で反論したそうです。量子力学が生まれる以前の古典力学では、ものの振る舞いは物理法則によって完全に1つに決まると考えられていました。例えば、ボールがどの位置から、どのような向きに、どのような速さで動き出したと知っているとしましょう。その後のボールの動きは、物理法則によってただ1つに定まり、偶然に支配される要素はありません。アインシュタインも、自然界は確定的なものになっていて、偶然などないと考えました。「神様が、サイコロの出た目に応じて電子がどこに現れるかを決めるような、いい加減な世界を作るはずはない。電子がどこに現れるかを私たちが確率的にしか知りえないのは、量子力学が不完全な理論だからだ」と反論したのです。しかし、その後の研究により、現実の量子の世界はやはり「確率的」であることが明らかになっています。現時点で、量子力学は世の中のあらゆる現象を矛盾なく説明しており、正しい理論だと信じられています。

## ◆重ね合わせ「具合」にも色々ある

2重スリットの実験で、一口に「電子が重ね合わせ状態になった」といっても、実は重ね合わせ「具合」には色々あります。重ね合わせ具合が変われば、壁にできる縞模様のパターンも変わるのです。実は、この重ね合わせ具合という考え方の理解が、量子コンピュータの理解でカギを握ります。というのも、量子コンピュータはたくさんのパターンを重ね合わせて、その重ね合わせ具合をうまくコントロールしながら問題を解く計算機だからです。そこで、あらかじめ2重スリット実験を使って、重ね合わせ具合とはいったい何を指すのか、物理的なイメージを持っておきましょう。

2重スリットの実験で電子が波のように広がって2つの隙間を通り抜けるとき、左の隙間を通ったか、右の隙間を通ったかという2つの可能性が重ね合わせられます。このとき、重ね合わせ具合は2つの要素で決まります。それは、通り抜けた2つの波の「大きさの比」と「振動のタイミングのずれ」です。それぞれ別の意味を持つことを説明していきたいと思います。

1つ目の要素は、隙間を通り抜けた2つの波の大きさの比です。電子の波の大きさは、電子がそこに存在する可能性の大きさを表しています。従って、隙間を通り抜けた2つの波の大きさの比は、2つの可能性を重ね合わせる割合に相当します。例えば**図9上**のように、電子をちょうど真ん中から発射すると、2つの隙間を通り抜けた電子の波は同じ大きさになるでしょう。これは、左を通った可能性と右を通った可能性が50%ずつの割合で重ね合

図9 電子を真ん中から発射した場合の重ね合わせ具合

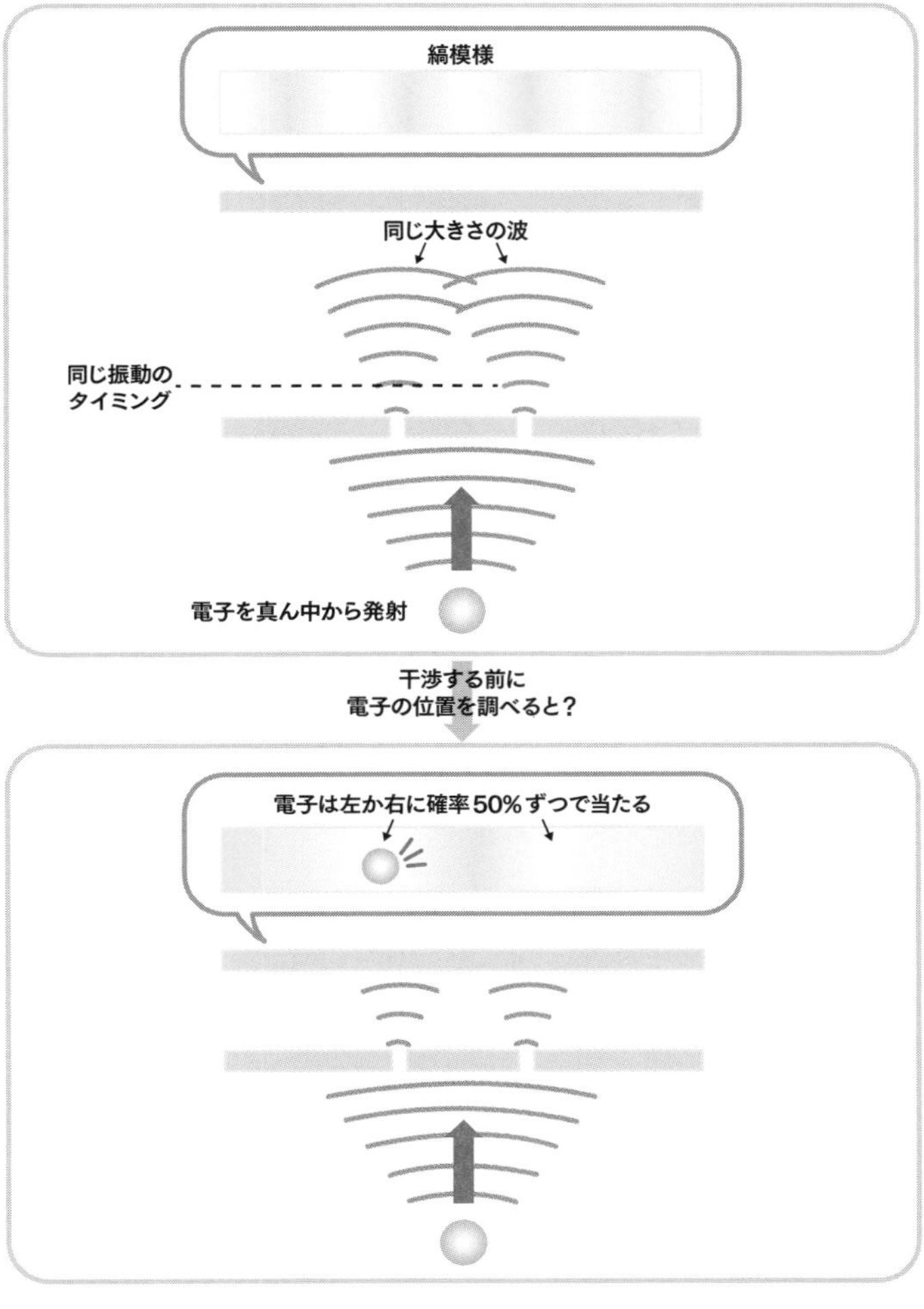

わさったことを意味します。2つの可能性が重ね合わさってすぐ、干渉を起こす暇もないうちに壁に当ててみます。この状況が**図9下**です。壁に当たる直前までは、2つの可能性が50%ずつの割合で重ね合わさっていますが、壁に当たった瞬間に重ね合わせは壊れ、左か右のどちらか一方に電子が現れます。その確率は、重ね合わせの割合を反映して、左に当たる確率も右に当たる確率も等しく確率50%になるのです。

もし初めに電子を打ち出す位置が、**図10上**のように少し偏っていたらどうでしょう？　この場合、左の隙間を通り抜けた波よりも、右の隙間を通り抜けた波の方が大きくなります。従って、2つの可能性が重ね合わさるときに、右を通った可能性の方が大きな割合で重ね合わされたことになります。先ほどと同様に、2つの波が干渉を起こすよりも前に壁に当てると、重ね合わせの割合を反映して、右の位置に当たる確率の方が大きくなります（**図10下**）。このように、波の大きさの比は、複数の可能性を重ね合わせる割合を決める要素です。この割合が変われば、壁にできる縞模様の濃淡が変わります。これは、2つの波が出会ったときの強め合いや弱め合いの具合が波の大きさの比によって変わるからです。

重ね合わせ具合を決めるもう1つの要素は、隙間を通り抜けた2つの波の振動のタイミングのずれです。2つの波は、隙間を通り抜ける瞬間に、それぞれ山と谷を周期的に繰り

## 図10 電子を右に偏った位置から発射した場合の重ね合わせ具合

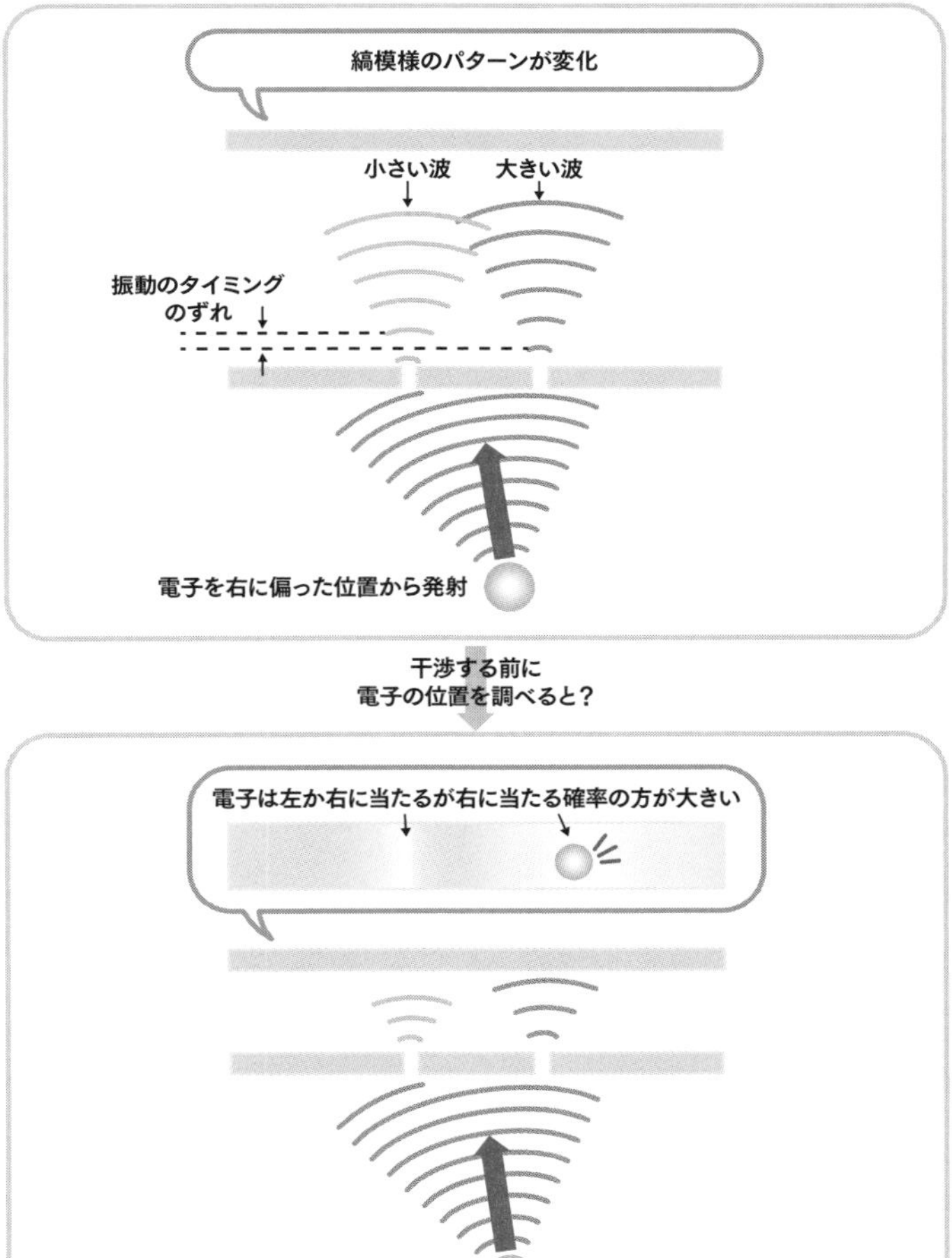

返して振動しています。図9のように電子を発射した位置がちょうど真ん中であれば、2つの波の振動のタイミングは同じです。つまり、片方が山ならもう片方も山、片方が谷ならもう片方も谷です。しかし、図10のように電子を発射する位置が偏っていると、2つの波の振動のタイミングがずれます。このタイミングがずれると、壁で2つの波が強め合い・弱め合いを起こす位置が変わっています。タイミングがずれるほど、縞模様が全体的に横方向にずれていくのです。このように、2つの波の振動のタイミングのずれ具合は、干渉が起きたときの強め合い・弱め合いの位置を決めるのです。

波の振動のタイミングについてあまりイメージできないという方は、今日お風呂に入ったときに湯船で遊んでみてください。右手の人差し指と、左手の人差し指で、水面の違う場所をツンツンと繰り返しつついて波を起こします。右手と左手を同時にツンツンすれば、2つの波の振動のタイミングは同じです。右手と左手を交互にツンツンすれば、2つの波の振動のタイミングは逆転します。注意深く観察すれば、それぞれの場合で、2つの波がぶつかったときの様子が違うことに気づくかもしれません。これは、干渉における強め合いと弱め合いの位置が変わっているのです。

以上のように、2つの可能性が重ね合わさるとき、その重ね合わせ具合は2つの波の大きさの比と振動のタイミングのずれで決まります。重ね合わせになった状態を正確に説明しようと思ったら、「Aの可能性とBの可能性を、○○%と××%の割合で、波の振動のタイミングを△△分だけずらして重ね合わせた状態」と言う必要があるのです。一口に「重ね合わせ」といっても、その重ね合わせ具合は千差万別であるということがわかったでしょう。なぜここでこんな説明をしたのかというと、これが量子コンピュータの計算の仕組みに深く関わっているからです。量子コンピュータとは、いくつかの可能性の波を重ね合わせて、それらを干渉させて波の大きさを変えたり、タイミングをずらしたりして、重ね合わせ具合を変化させながら問題を解く装置なのです。その具体的な計算の仕組みは、第3章でお話しすることにします。

## ◆2重スリットの実験から理解する量子コンピュータの計算の仕組み

これまでの説明を一度整理しましょう。2重スリットの実験は、粒だと思っていた電子が、2つの隙間を通った後に壁に縞模様を作る実験です。この縞模様は、電子が左側の隙間を通ったか、右側の隙間を通ったかという2つの可能性が重ね合わされ、その後に干渉を起こしたと考えることで説明できます。電子は波のように広がって2つの隙間を同時に通り抜けることで重ね合わせになりますが、隙間を通った2つの波の大きさの比と振動のタイミングのずれによって、重ね合わせ具合にも色々あります。隙間を通った後の電子は、複数の場所にいる可能性を重ね合わせながら進みます。しかし、壁に当てて電子の場所を調べようとした瞬間に、どれか1つの可能性が確率的に選ばれ、電子は壁の1点だけに現れるのでした。

量子コンピュータは、この「重ね合わせ」や「干渉」をうまく利用して問題を解きます。その計算の仕組みは、実は2重スリット実験と似ています。どう似ているかを説明するため、ここで具体的な問題を1つ考えてみましょう。今、暗証番号がわからないダイヤルロック式の鍵があって、何とかして暗証番号を知りたいとします。説明を簡単にするために、ダイヤルの番号は4パターンしかないものとします。現代のコンピュータにこの問題を解くように指示すると、4パターンの番号を一つひとつ順番に試すことになります。1つ目の番号を試して鍵が開かなければ、次は2つ目、3つ目と順に調べていくのです。何回か試すと、どこかで鍵が開く「当たり」の番号を見つけることができます。これは、しらみつぶしに答えを探す解法で、少々手間がかかります。

一方で、量子コンピュータはもっと効率の良い解法で答えを探します。量子コンピュータでは、「重ね合わせ」を使って4パターンの番号を全て重ね合わせて同時に試してみることができるのです。試した後には、鍵が開かない3パターンと、鍵が開く1パターンの可能性が全て重ね合わさっています。最後に、うまくその4パターンを「干渉」させて、鍵が開いたパターンだけを見つけ出すのです。

どうしてそんなことができるのかと思うかもしれません。しかし、2重スリットの実験を理解していれば、この量子コンピュータの解法をイメージすることはそれほど難しくありません。鍵のダイヤルの4パターンの番号に相当するものとして、4個の隙間を使った4重スリット実験を考えてみましょう。その様子を**図11**に示しました。4個の隙間にはどれか1つ「当たり」があり、その隙間にだけ電子の進むタイミングを少し遅らせるような仕掛けがしてあるとします。これは、鍵の4パターンの番号のうちどれか1つが鍵が開く「当たり」であることに相当します。残り3つ隙間は「ハズレ」で、電子をそのまま素通りさせるだけです。現代のコンピュータの「しらみつぶし」解法は、一つひとつの隙間に順に電子を発射して何回も調べることに相当します。1回電子を発射するごとに、壁に電子がぶつかるタイミングを見て、電子が隙間を素通りしたのか、少し遅れたのかを調べれば、

図11 ４重スリット実験でしらみつぶしに「当たり」の隙間を探す方法

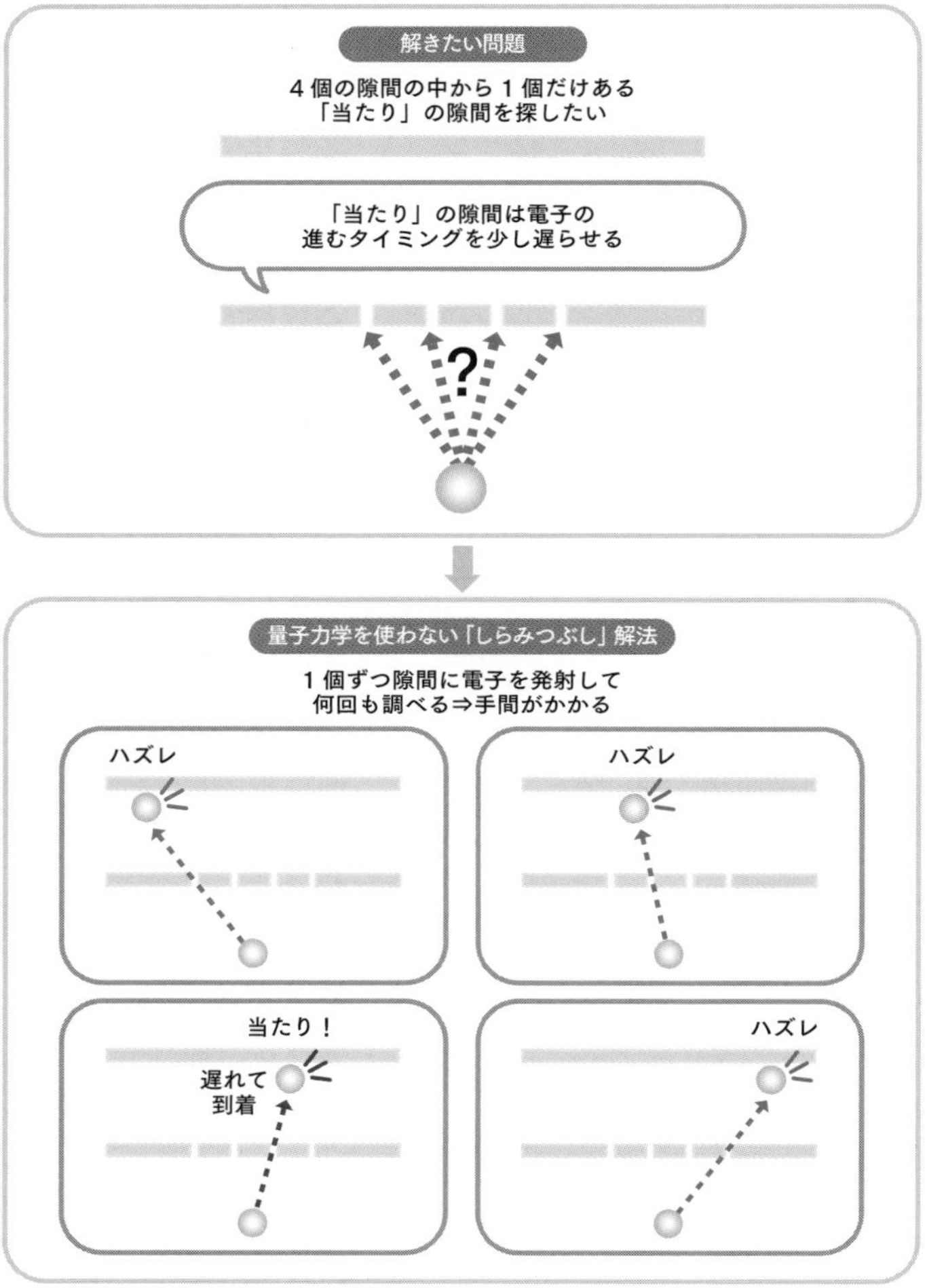

「当たり」かどうか判断できるわけです。

一方、量子コンピュータの解法は異なります。その様子を表したのが図12です。2重スリットの実験から学んだように、電子は「重ね合わせ」となって、複数の隙間を同時に通ることができます。今回の場合、たった1回電子を発射するだけで、4個の隙間の様子を同時に調べることができるのです。電子が波のように4つの隙間を通り抜けると、「当たり」の隙間を通った波だけは、振動のタイミングが少しずらされます。このタイミングのずれを生かして、3個の「ハズレ」の隙間を通った波と、1個の「当たり」の隙間を通った波をうまく干渉させます。この結果、「当たり」の隙間を通った経路の波だけが強め合って大きくなり、残りの場所の波は弱め合って小さくなります。最終的に、壁で電子が当たる位置を調べると、「当たり」の隙間がどの位置だったかがわかるのです。ここでは、2重スリット実験のように壁に単純な縞模様を作るのではなく、波の干渉のさせ方を工夫して壁に現れる模様をうまく調整しているのがポイントです。波同士が壁の1か所だけで強め合って、他の場所では弱め合うように工夫して干渉させることで、「当たり」の情報だけを探し出しているのです。

図12 ４重スリット実験で量子力学の原理を使って「当たり」の隙間を探す方法

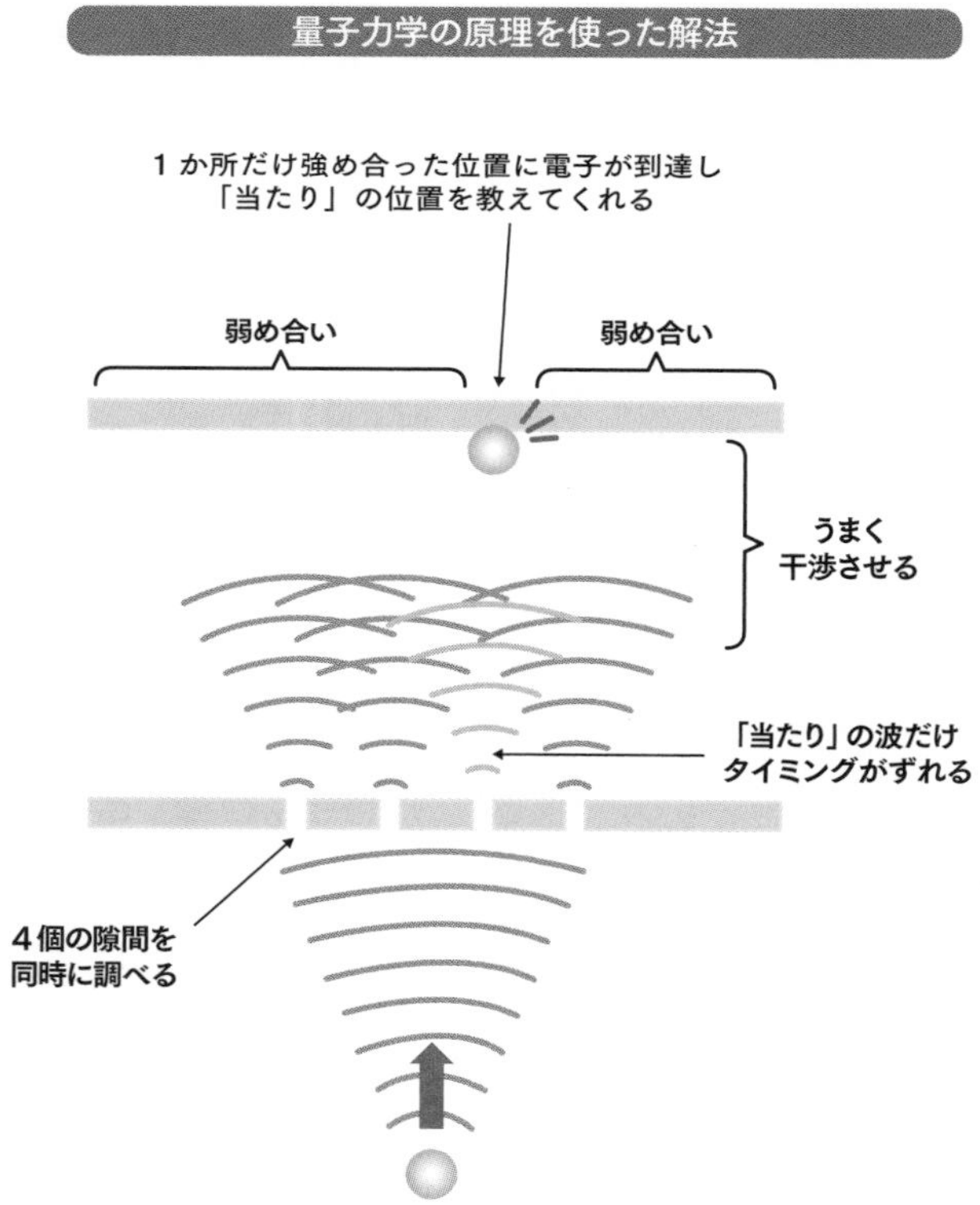
量子力学の原理を使った解法
1か所だけ強め合った位置に電子が到達し
「当たり」の位置を教えてくれる
弱め合い
弱め合い
うまく
干渉させる
「当たり」の波だけ
タイミングがずれる
4個の隙間を
同時に調べる

量子コンピュータが計算を速く行う仕組みは、まさにこの多重スリットの実験と同じです。1つずつ計算を行う代わりに、何通りもの計算を重ね合わせて同時に行った後に、干渉によって「当たり」に相当する計算パターンだけを探し当てるのです。干渉にはかなり工夫が必要ですが、うまくいくと「当たり」を探す手間を圧倒的に減らせる場合があります。当然、現代のコンピュータは量子力学を使っていませんから、このような計算はできません。量子コンピュータは、このような量子力学特有の現象を使って、全く新しい問題の解き方ができるようになるのです。この章では、量子コンピュータの計算の仕組みをかなり直感的に説明しましたが、続く第3章と第4章ではこの計算の仕組みをより具体的に見ていきたいと思います。

## ◆なぜ日常的な世界とミクロの世界は違うのか?

ここまで、量子力学の不思議な世界と量子コンピュータとの関わりについて説明してきました。最後に1つクエスチョンです。なぜミクロな量子力学の世界と、私たちの日常的な世界は異なるのでしょうか?

原子1個や電子1個などのミクロな世界は、量子力学に従い、重ね合わせや干渉が起こります。一方、私たちが日常的に目にする比較的大きな物質は、多数の原子や電子の集合体です。個々の原子や電子が量子力学に従うなら、その集合体も同じ量子力学に従うはずです。しかし、例えば日常的な世界でサッカーボールが2つの場所に同時に存在する重ね合わせ状態になるという事態は起こらないですよね。サッカーボールのような大きな物質で重ね合わせや干渉が見られないのはなぜなのでしょうか?

実は、この問いに対する正確な答えはまだよくわかっていません。しかし、有力な理由の一つと考えられている現象があります。それは、重ね合わせや干渉を起こす波の性質が、周囲からの影響によって壊れてしまうことです。波の性質が壊れると、ある1点に存在する粒としての性質だけが残って、重ね合わせは消えてしまうのです。さらに、多数の粒からなる大きな物質ほど、波の性質は壊れやすくなります。この結果、日常的なスケールの世界では重ね合わせや干渉が起こらない、というわけです。このように波の性質が壊れてしまう現象を、専門用語ではデコヒーレンスと呼んでいます。

2重スリットの実験を思い出してみましょう。1個の電子は、2つの隙間を同時に通って、後ろの壁に縞模様を作りました。電子さえ準備できれば、一見誰でもできそうなお手軽実験に見えます。しかし、実際にこの縞模様を見るのは容易ではありません。例えば、電子が進んでいるときに、周囲を好き勝手に飛んでいる原子や分子と衝突したとします。衝突によって電子の波の振動は乱され、縞模様が見えなくなってしまうのです。これは、水面を進む波に例えるとイメージしやすいでしょう。水面の波は、障害物がなければその形を維持しながら進みます。しかし、もし水面に岩などの障害物がたくさんあるとどうでしょう？　波が岩にぶつかって形が崩れたり、岩から反射した波と不規則に干渉し合ったりして、波の形はぐちゃぐちゃになってしまいます。電子も、原子や分子と衝突するとそれと同じような現象が起こり、干渉が起こらなくなるのです。このため、2重スリットの実験は大気中ではできません。邪魔な原子や分子をできるだけ取り除いた、真空の容器の中で行われるのです。

1個の粒の実験でさえ、波の性質は壊れやすいのです。たくさんの粒からなる大きな物質ほど、それを取り巻く周囲の様々なものから影響を受けますので、波の性質は壊れやすくなるでしょう。物質を構成する個々の粒は何らかの波の性質を持っているかもしれません。しかし、周囲からの影響を受けているうちに、それぞれの波がバラバラのテンポやタイミングで振動するようになります。その結果、大きな物質全体でみると、個々の粒の波

図13 大きな物質でも重ね合わせや干渉が見えるか？

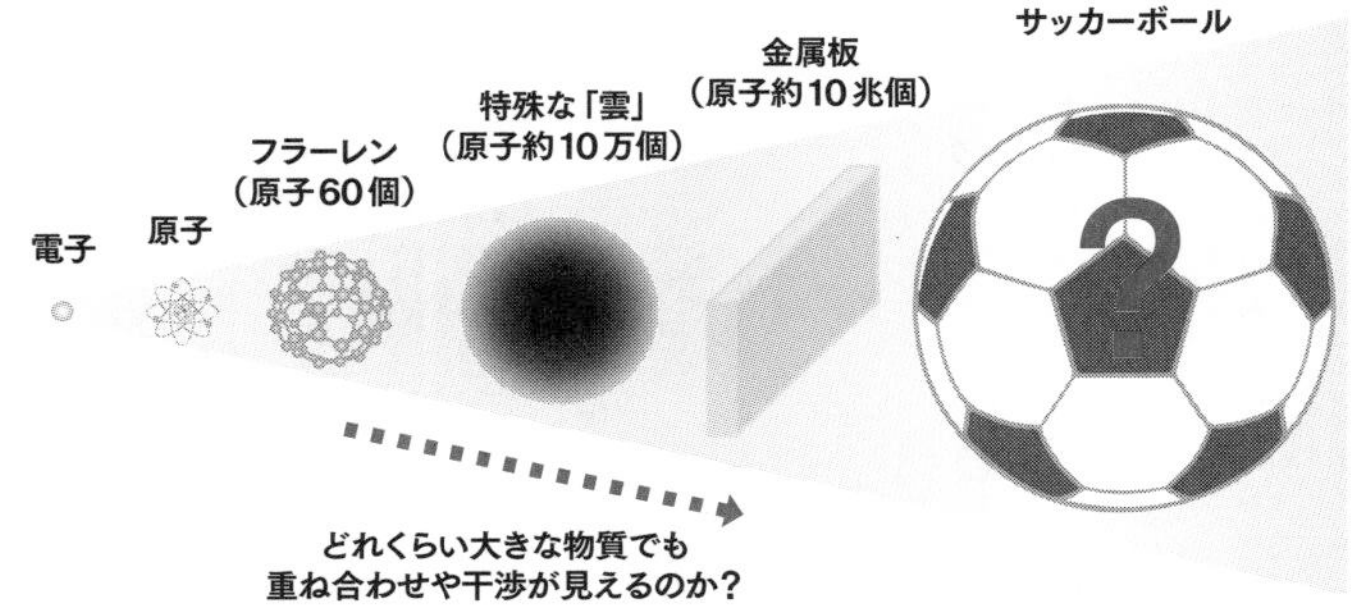


としての性質は打ち消されて見えなくなってしまうのです。このため、大きな物質の振る舞いを考える際には、それを構成する1個1個の粒の波の振る舞いのことは忘れて、粒の集団全体の平均的な振る舞いを考えればよいことになります。この平均的な振る舞いをよく説明するのが、古典力学なのです。

逆に言うと、周囲から波の性質を乱すような要因をできる限り排除すれば、原子1個や電子1個よりもう少し大きな物質でも重ね合わせや干渉が観測できるはずです。実際に、どれくらい大きな物質まで重ね合わせや干渉が起きるかが、重要な研究テーマの1つとなっています（図13）。例えば60

個の炭素原子がサッカーボール状につながったフラーレンという分子で2重スリットの実験が行われ、縞模様が見えることがわかっています。フラーレンは、原子1個に比べればかなり大きなサイズですが、それでも干渉が起こったのです。また、10万個程度の原子が集まってできた特殊な「雲」が、2つの離れた場所に同時に存在する重ね合わせになることが確かめられています。さらに、近年は目に見えるサイズの物質でも重ね合わせになることが検証されています。10兆個程度の原子からなる長さ約0・04ミリの金属板が、太鼓の膜のように振動している状態と、振動せず止まっている状態の重ね合わせになることが確かめられたのです。現在も、より大きな物質でも重ね合わせや干渉が起こらないか、さらなる研究が進められています。

量子コンピュータを作るにも同様の努力が必要となります。すでに説明したように、量子コンピュータの計算は、多重スリット実験をしているようなものです。何通りもの計算パターンを重ね合わせて、干渉させることで計算を行います。多重スリット実験を成功させるには、計算の途中で、重ね合わせを生み出す波の性質ができるだけ損なわれないよう、どのように周囲からの影響をなくすかがカギを握ります。実際にどのような方法で量子コンピュータを作るのかは、第5章と第6章で具体的に紹介します。

# 第2章のまとめ

◆量子とは、原子・電子・光子など、小さな物質や量の単位を表す言葉です。量子の世界は、日常生活の世界とは異なる法則に支配されており、その仕組みをまとめた理論が量子力学です。

◆2重スリットの実験は、「粒でもあり波でもある」という量子の不思議な姿を明らかにします。粒だと思っていた量子は、波のように広がって2つの隙間を同時に通り抜けて干渉します。最後に壁に当たると粒の姿に戻り、1点に現れるのです。

◆量子が波のように2つの隙間を同時に通った状況が「重ね合わせ」で、波の大きさの比とタイミングの差によって重ね合わせ具合が決まります。

◆量子コンピュータの計算の仕組みは、2重スリットの実験と似ています。何通りもの計算パターンを重ね合わせて同時に行った後に、それぞれのパターンをうまく干渉させて欲しい答えだけを探し出すのです。

第3章

# 量子コンピュータの計算の仕組み

## ◆現代のコンピュータと量子コンピュータ

この章では、いよいよ本格的に量子コンピュータの計算の仕組みを説明していきます。量子コンピュータと聞くと、現代のコンピュータとはまるっきり違う摩訶不思議な仕組みで動くようなイメージを持つ方もいらっしゃるようです。しかし、量子コンピュータの計算の仕組みは、あくまで現代のコンピュータの計算の仕組みがベースになっており、両者の基本的な考え方は似ています。これは、１９８５年に「量子コンピュータの生みの親」でもあるデイヴィッド・ドイッチュが量子コンピュータの計算理論を作ったとき、現代のコンピュータの計算理論を元にしたためです。そうは言っても、「そもそも現代のコンピュータの計算の仕組みもよくわからない」という方も多いのではないでしょうか。そこで、この章ではまず現代のコンピュータにスポットライトを当て、それがどのように情報を扱い、どのように計算を行っているのかを紹介します。続いて、その情報の扱い方や計算の仕方を「量子バージョン」へと発展させる形で、量子コンピュータの計算の仕組みを解き明かします。このようにして、現代のコンピュータと量子コンピュータを対比させれば、２つの計算の仕組みの違いが明確になるはずです。

本章では、難しい数式は一切使わず、可能な限り直感的にコンピュータの計算の仕組みを説明していきます。直感的とは言っても、オセロや将棋のルールを初めて学ぶときのように、計算の仕組みを理解するには多少は頭を使う必要があります。ただ、一つひとつのルールはそれほど難しくありません。順々に読み進めていけば、きっと量子コンピュータの計算の仕組みがイメージできるようになるはずです。一方で、量子コンピュータの計算の理屈には興味がないけど、装置の仕組みや開発状況は知りたいという方がいたら、どうぞ第3章と第4章を飛ばして第5章と第6章へと読み進めてください。後で計算の理屈が気になったときに、また本章に戻ってくれれば良いのです。

## ◆現代のコンピュータの情報処理の仕組み

スマホからタブレット、デスクトップPC、スーパーコンピュータまで、現代のコンピュータの計算処理の仕組みはどれも基本的に同じです。第1章で、これらのコンピュータでは、トランジスタという電気的なスイッチがたくさん集まって計算を行っていると説明しました。このスイッチには、電流を通すONの状態と、電流を通さないOFFの状態があります。トランジスタはこのONとOFFで「0」か「1」という2通りの数字を表せるわけです。この「0か1」という情報の単位を「ビット」と呼びます。

私たちが数を数える際には、「0」から「9」までの10種類の数字を使いますね。「0」、「1」、「2」と数えて「9」まで行くと、次の数字は桁が繰り上がって「10（じゅう）」になります。このように10ごとに繰り上がるような数字の表し方を10進数と呼びます。これに対して、コンピュータのトランジスタは「0」か「1」という2種類の数字しか使えません。そこで、10進数の代わりに2進数を使って、「0」と「1」だけであらゆる数字を表すことになります。2進数では、「0」、「1」と2つ数えたら、次にはもう桁が繰り上がって「10（いち・ぜろ）」となります（**図1上**）。さらに数えていくと、「11（いち・いち）」、「100（いち・ぜろ・ぜろ）」、「101（いち・ぜろ・いち）」と続きます。10進数と同様に、桁を増やすほど大きな数字が表せます。$n$個のビットがあれば、$n$桁の2進数が表現でき、$2^n$番目までの数のどれか1つを表すことができます。

コンピュータの中では、2進数で全ての計算をこなしています。例えば、**図1上**のように私たちがコンピュータに「2＋3」の計算をさせたとしましょう。コンピュータは、まず「2」と「3」を2進数に直してビットで表し、足し算に相当するビットの変換を行い

## 図1 10進数の数字や画像をビットで表現する

### ビットによる計算

| 10進法 | 2進法 |
|---|---|
| 0 | 0 |
| 1 | 1 |
| 2 | 10 |
| 3 | 11 |
| 4 | 100 |
| 5 | 101 |
| ⋮ | ⋮ |

2+3=5 の計算を行う場合

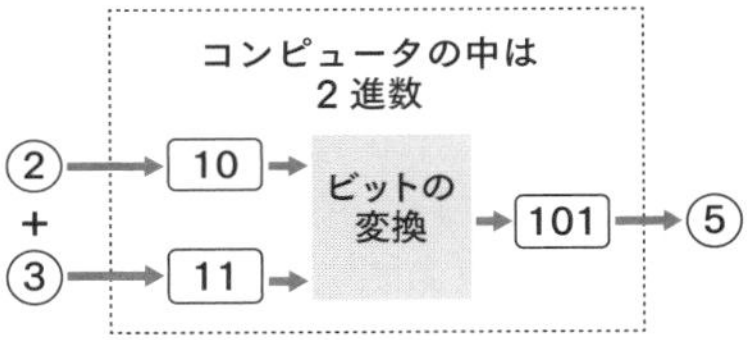


### ビットによる画像の表現

画像

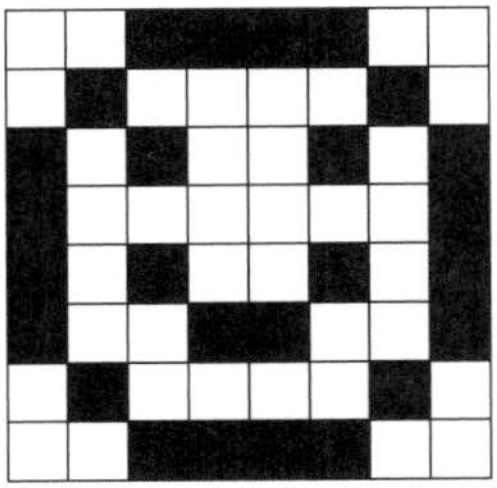

白は0、黒は1で表す

| | | | | | | | |
|---|---|---|---|---|---|---|---|
| 0 | 0 | 1 | 1 | 1 | 1 | 0 | 0 |
| 0 | 1 | 0 | 0 | 0 | 0 | 1 | 0 |
| 1 | 0 | 1 | 0 | 0 | 1 | 0 | 1 |
| 1 | 0 | 0 | 0 | 0 | 0 | 0 | 1 |
| 1 | 0 | 1 | 0 | 0 | 1 | 0 | 1 |
| 1 | 0 | 0 | 1 | 1 | 0 | 0 | 1 |
| 0 | 1 | 0 | 0 | 0 | 0 | 1 | 0 |
| 0 | 0 | 1 | 1 | 1 | 1 | 0 | 0 |

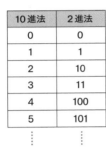

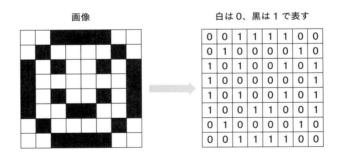

ます。計算結果は2進数で「101」と得られますが、これを人間がわかりやすいように10進数に直して、「5」という結果を表示するのです。

コンピュータでは、数字だけでなく、あらゆる情報をビットで表します。文章も、画像も、音楽も、「0」と「1」だけを並べて「0110010…」のように表すのです。**図1下**は画像の情報をビットで表した例です。コンピュータ上の画像は、格子状に並んだ四角い領域が白か黒かを1個1個指定することで描くことができます。この「白」か「黒」という情報を、そのまま「0」か「1」に置き換えれば、画像をビットだけで表せるわけです。同様に、文章や音楽などの情報もビットだけで表すことができます。そして、画像・文章・音楽を編集したりする際には、ビットの情報を変換して書き換えることになります。

以下では、コンピュータが計算をするときに、ビットの変換をどのようなルールで行っているのかを詳しく見ていきましょう。

## ◆ビットの基本的な変換＝論理演算

私たちが普段用いている10進数の算数で、初めに習う計算は加減乗除、つまり足し算・

引き算・掛け算・割り算です。この4つの基本的な演算をマスターすれば、それらを組合せて色々な問題を解くことができます。2進数を使ったビットの計算もこれに似ています。加減乗除に代わる、2進数の世界での基本的な計算がいくつかあるのです。それらを組合せれば、どのような問題も解くことができます。この2進数の基本的な計算は、「論理演算」と呼ばれます。論理演算は、端的に言えば、ビットの情報を一定のルールに基づいて別のビットに変換する操作です。

論理演算の代表例を**図2**に示します。最も単純なのは、与えられた1つのビットの「0」と「1」を反転させる、NOTという演算です。つまり、そのビットが「0」なら「1」に変え、「1」なら「0」に変えます。「NOT ○○」というのは、「○○ではない」という否定を表しますから、ビットを反転させるというイメージもわきやすいと思います。NOTは、**図2上**の記号で表されます。初めに左側から1個のビットが入ってきて（入力）、NOTの演算によってビットが変化し、そのビットが右側へ出ていく（出力）イメージです。

もう1つ紹介するのは、ANDという演算です。これは、**図2下**のように2個のビットを入力し1個のビットを出力する演算です。「○○ AND △△」は、「○○かつ△△」と

図2 論理演算のNOTとANDの働き

## NOT

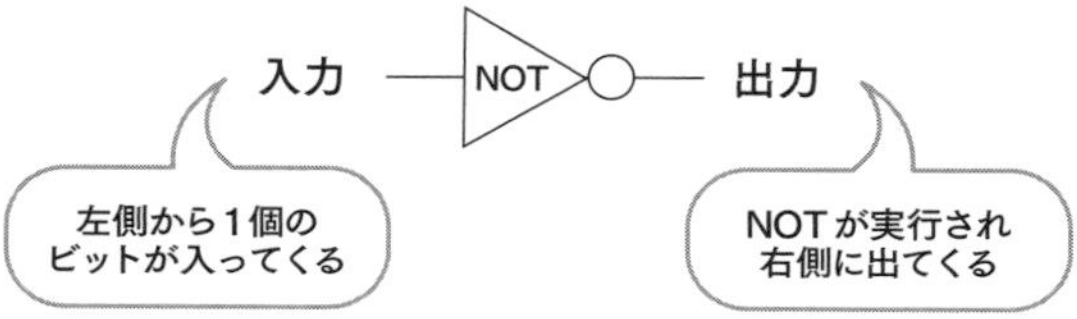


| 入力 | 出力 |
|---|---|
| 0 | 1 |
| 1 | 0 |

ビット反転

## AND

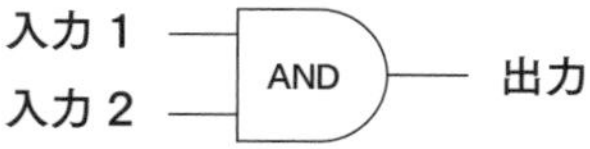


| 入力1 | 入力2 | 出力 |
|---|---|---|
| 0 | 0 | 0 |
| 0 | 1 | 0 |
| 1 | 0 | 0 |
| 1 | 1 | 1 |

両方「1」の時だけ「1」を出力

いう意味です。これにちなんで、ANDは入力された2つのビットが両方とも「1」のときだけ、「1」を出力します。残りの場合、つまり入力が「0と0」、「0と1」、「1と0」の場合は、「0」を出力します。

このNOTやANDがビットの情報を処理する基本的な操作になりますが、この操作はコンピュータの中ではどのように行われるのでしょう？　コンピュータの中でビットの情報はトランジスタのONとOFFで表されています。実は、このトランジスタは単に情報を表すだけではなく、論理演算を行うことができるのです。トランジスタは、電気信号によってONとOFFを切り替えられるスイッチだったことを思い出しましょう。まず、**図3下**のように、スイッチ2個と電球をつないだ回路を作ります。この回路では、2つのスイッチが両方ともONになったときだけ、線がつながって電流が流れ、電球がONになります。このスイッチと電球をトランジスタに置き換えましょう。そうすれば、2つのトランジスタがON（「1」）になったときだけ、次のトランジスタをON（「1」）にする回路になります。このようにして、両方「1」のときだけ「1」を出力するというANDの働きが実現できるのです。同様にして、トランジスタをうまく接続すればNOTの演算も実行できます。従って、トランジスタはビットの情報を表すだけでなく、演算も実行できる

## 図3 コンピュータの中でのANDの電気回路

| スイッチ | トランジスタ | 情報 |
| --- | --- | --- |
| 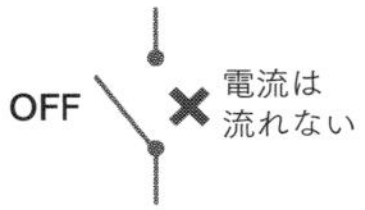  |   | 0 |
|   | 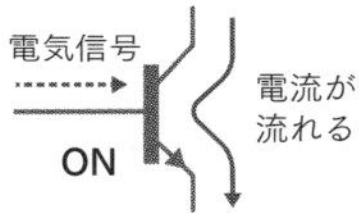  | 1 |

### ANDの電気回路

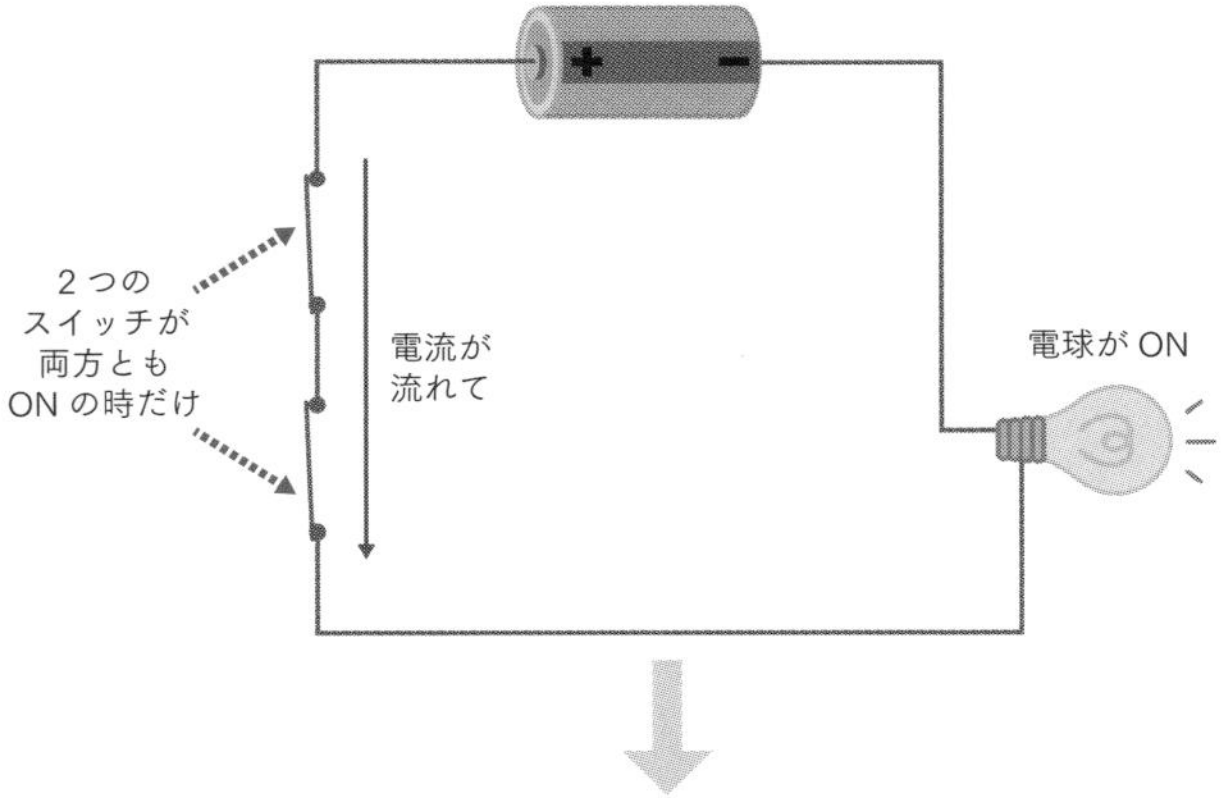


**2つのスイッチと電球をトランジスタで置き換えたものが実際のAND回路**

万能な部品なのです。

## ◆論理演算を組合せればどのような計算もできる

NOTとANDは、その組合せ方次第で、色々なパターンのビットの変換を作ることができます。例として、**図4上**のように5つのNOTと3つのANDをつなげた回路を考えてみましょう。この回路は、全体をひとかたまりとしてみると、2入力・1出力のビットの変換になっています。試しに、**図4中段**の例に示したように、入力1を「0」、入力2を「1」としてみましょう。NOTとANDの変換ルールに従ってビットを順に変換していくと、最終的に出力は「1」となることがわかります。入力が他のパターンのときも調べてみると、結局、変換は**図4右上**の表のようになることがわかります。つまり、この回路は「0と0」か「1と1」が入力されたら「0」を出力し、「0と1」か「1と0」が入力されたら「1」を出力するのです。このように、NOTとANDを組合せることで新しい変換のルールを作ることができます。ちなみに、この変換ルールはXOR（エックスオア）という名前がついていて、**図4下**のような記号で表されることもあります。

## 図4 NOTとANDで構成したXORの働き

### NOTとANDで構成したXOR回路

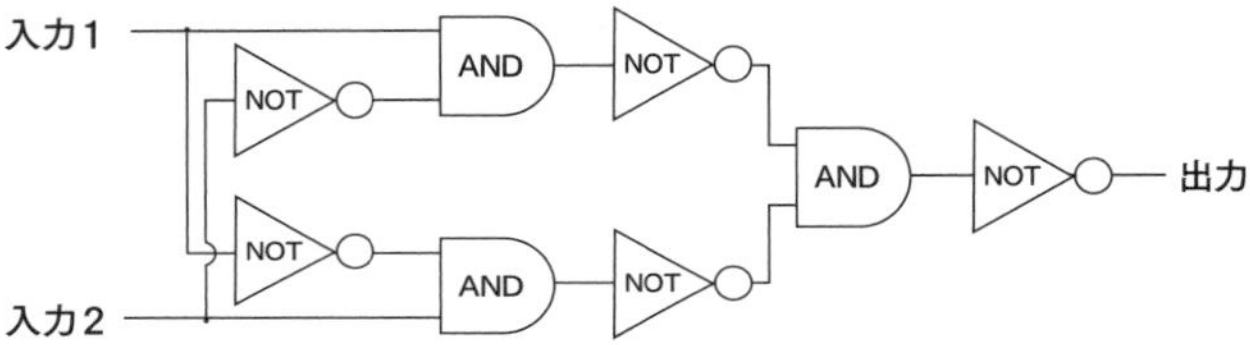


| 入力1 | 入力2 | 出力 |
|---|---|---|
| 0 | 0 | 0 |
| 0 | 1 | 1 |
| 1 | 0 | 1 |
| 1 | 1 | 0 |

同じなら「0」、違うなら「1」を出力

例

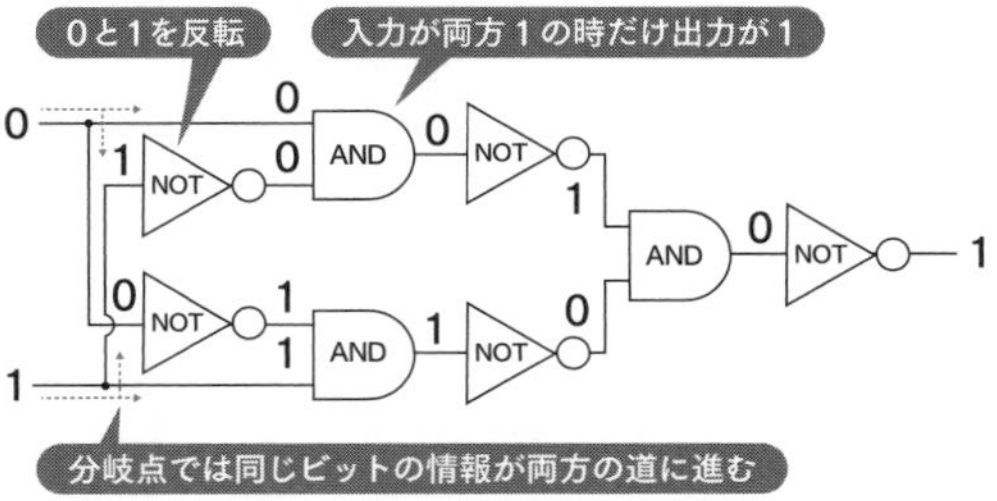


参考

この2入力・1出力の回路を
まとめて1つの記号で描く場合

**図5** 基本論理演算を組合せるとあらゆる計算ができる

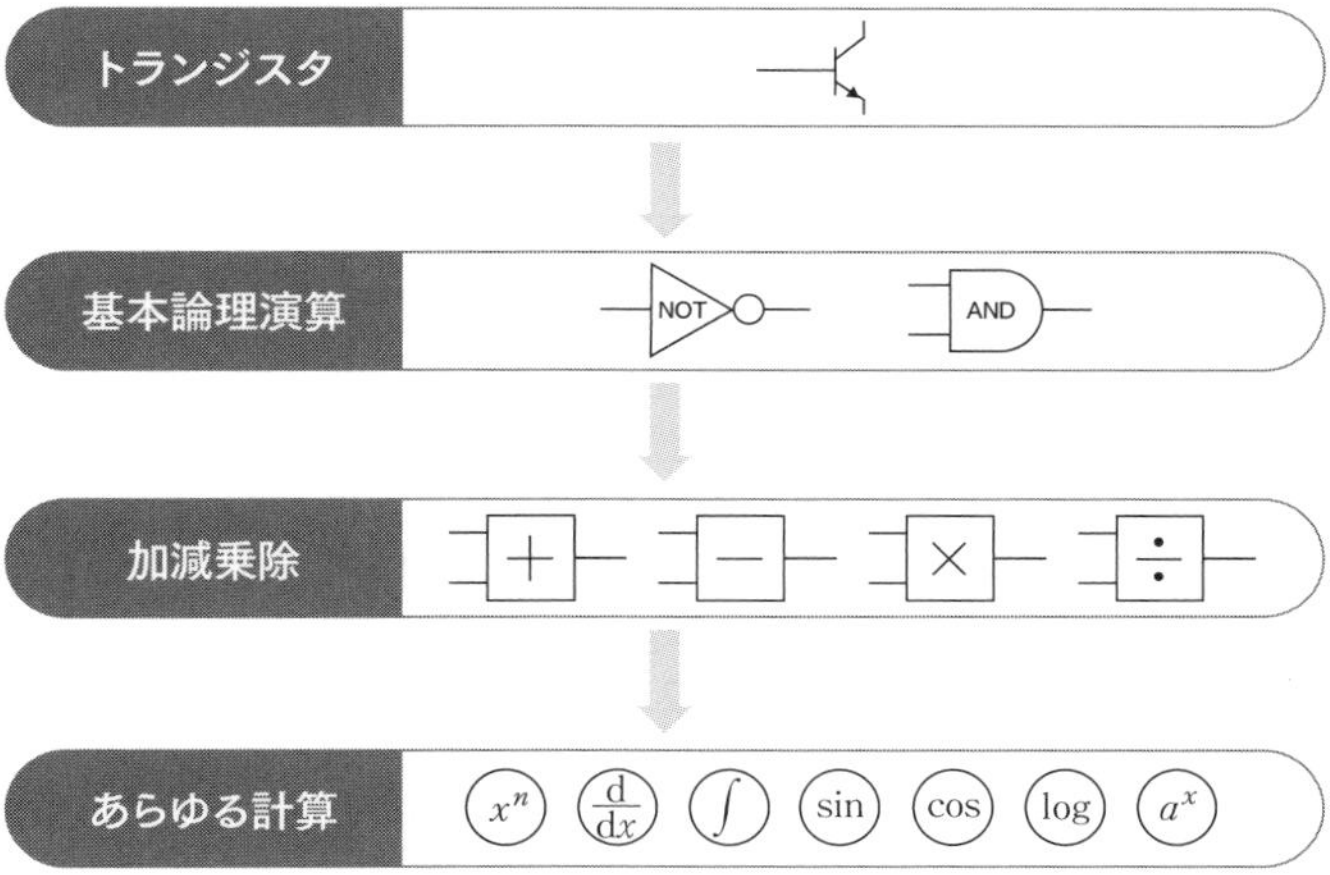


実は、これと同様にＮＯＴやＡＮＤを多数組合せていくと、あらゆるルールのビット変換が実現できることが知られています。つまり、多数のビットを入力して、多数のビットを出力するどのような複雑な変換も、ＮＯＴとＡＮＤを順々に実行してビットを1個か2個ずつ変換していくことで実現できるのです。さらに言うと、私たちが数学で勉強するどのような難しい計算も、ＮＯＴとＡＮＤだけでできることになります。

その仕組みはこうです（**図5**）。まずＮＯＴとＡＮＤを組合せると、足し算を実行する回路が作れます（足し算回路の詳細は章末のコラム参照）。これは、2つの数（例えば2と3）を入力すると、それらの足し算の答え（5）を出力してくれる回路です。この足し算回路で正の数と負の数の足し算を行えば、引き算ができますから（例：3＋（－1）＝2）、足し算回路は引き算回路としても使えます。また、足し算回路を繰り返し用いれば、掛け算（例：5×3＝5＋5＋5）が計算できますし、引き算回路を繰り返し用いれば、割り算もできます（例：12－4－4－4＝0、よって12÷4＝3）。これで、加減乗除の回路が完成です。さらに、この加減乗除の回路を組合せていけば、微分・積分や、サイン・コサイン、指数・対数など、より高度な計算も実現できるようになるのです。

現代のコンピュータは計算能力が非常に高く、人間の手には負えないような非常に難しい計算もこなしてくれます。一見するとコンピュータはとてもスマートな仕組みで計算をしているように想像してしまいますが、実際にはNOTやANDという非常にシンプルな論理演算だけで手間暇かけて計算しているのです。そして、NOTやANDはトランジスタを使って実行されるので、全ての計算はトランジスタという1種類の部品が担っていることになります。トランジスタが現代のコンピュータを支えるいかに偉大な発明だったか、おわかりいただけたのではないでしょうか。

## ◆ビットと論理演算の「量子バージョン」とは？

現代のコンピュータの仕組みを一通り理解したところで、いよいよ量子コンピュータに移りましょう。現代のコンピュータの構成要素は、「0」か「1」の情報を表すビットと、ビットを変換するNOTやANDなどの論理演算でした。量子コンピュータでは、量子力学の原理を使ってこれらの構成要素を「量子バージョン」に置き換えます。つまり、「量子」ビットと「量子」論理演算です。

量子がどのような性質を持っていたか、第2章の2重スリットの実験を思い出してみましょう。**図6**のように、2つの隙間の空いた板に向かって粒子を打ち出します。日常的な世界では、粒子は「左を通る」か「右を通る」かの2択です。しかし、量子の世界では、この2つの可能性がどちらとも決まらず同時に存在する「重ね合わせ」にもなるのでした。この量子の性質を、コンピュータに利用することにしましょう。現代のコンピュータは、ビットは「0」か「1」の2択です。ビットの情報はトランジスタのONとOFFの2択で表されているわけですから、この2択以外取りようがありません。しかし、量子の性質を利用して情報を表せば、「0」と「1」の2択だけでなく、その「重ね合わせ」にもなるは

図6 通常のビットと量子ビット

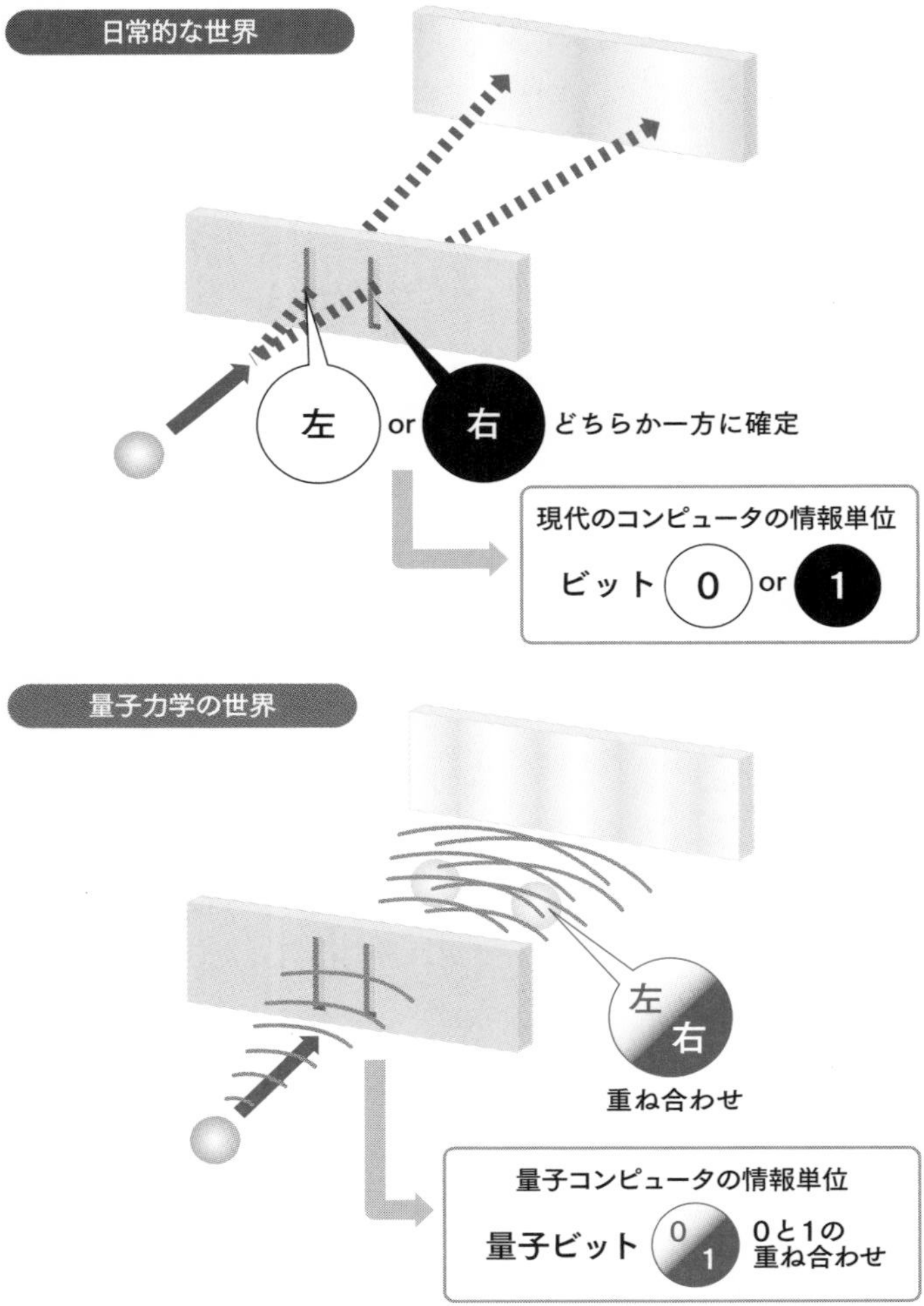

ずです。このようなアイデアに基づき、量子コンピュータでは「0と1の重ね合わせ」を情報の単位に用います。この情報単位を量子ビットと呼びます。

量子ビットの個数が増えると、たくさんの情報を重ね合わせることができるようになります。例えば通常のビットが2個ある場合、「00」、「01」、「10」、「11」という4パターンの中のどれか1つの情報しか表せません。一方、量子ビットが2個ある場合は、それら4パターンの全てを重ね合わせて同時に持つことができるのです。量子ビットの数が1個増えるごとに、重ね合わせられるパターンの数が2倍になります。量子ビットが $n$ 個あれば、「00…00」から「11…11」まで、$2^n$ パターンの全ての情報を重ね合わせて持つことができるのです（**図7**）。量子ビットが $n = 10$ 個なら約1000パターン、$n = 100$ 個なら約10の30乗パターンを重ね合わせられます。少ない個数でも、膨大なパターンの情報を重ね合わせて同時に持つことができるのが、量子ビットの驚くべき能力なのです。

量子ビットを使った計算は、通常のビットの計算とどう違うのでしょうか？ 通常のビットを使った計算では、NOTやANDなどの論理演算を繰り返し用いてビットを変換していきました。一方、量子ビットを使って計算をする場合には、「量子バージョン」の論理演算である「量子」論理演算を用います。要するに、量子版NOTや量子版ANDなどを

**図7** ビットと量子ビットが多数ある場合

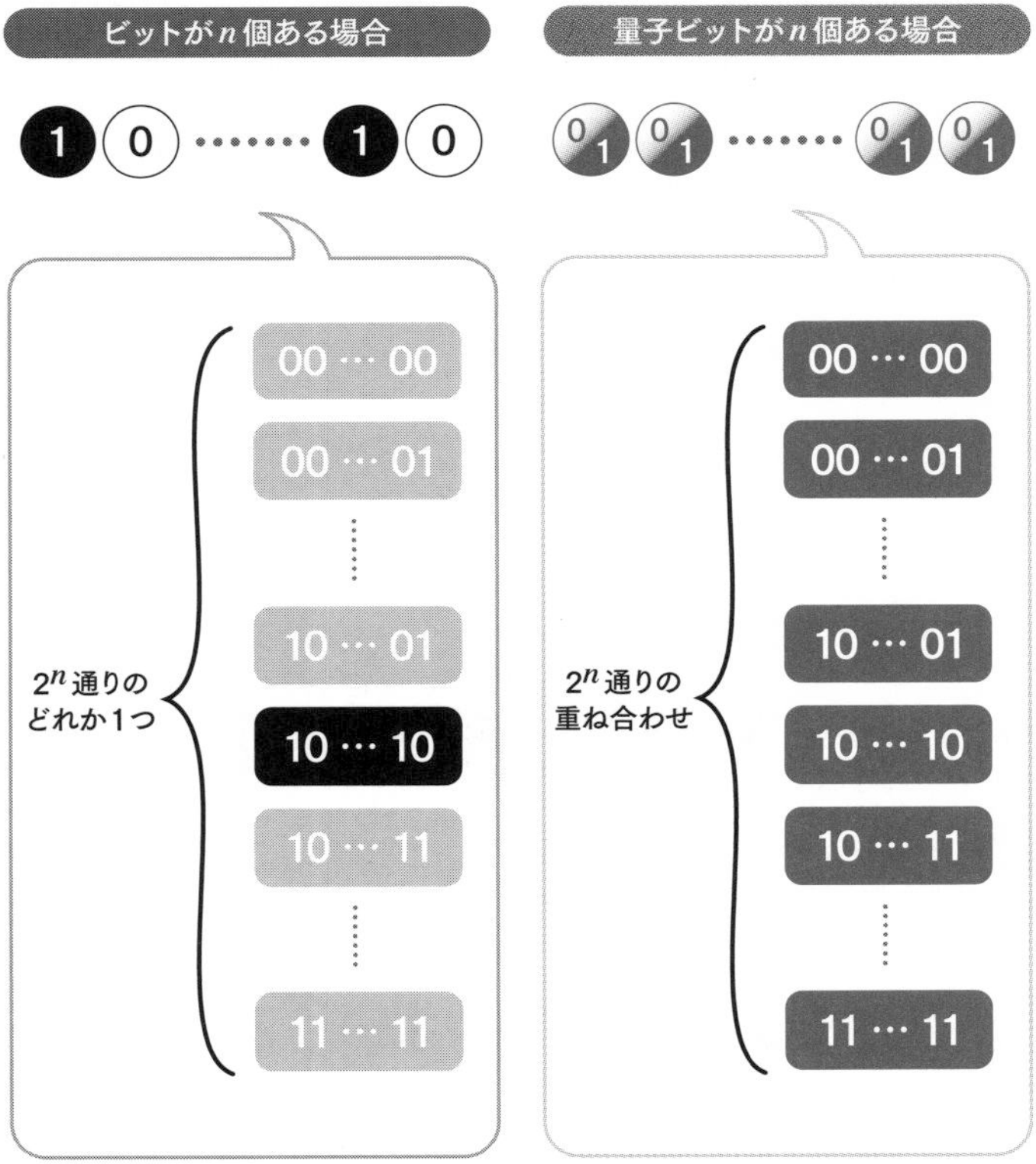

使う訳です。量子論理演算の具体例を図8に示しました。これらの演算で量子ビットの情報を変換していくことによって、量子コンピュータの計算が実行されます。この量子論理演算の驚くべき能力は、重ね合わせられた情報それぞれに対して、重ね合わせを保ったまま同時に実行できることです。例えば、「0と1の重ね合わせ」の量子ビットに量子版NOTの演算を行えば、「0」に対するNOTの演算と、「1」に対するNOTの演算が同時に実行されて、2つの演算の結果が重ね合わさったまま出力されるのです。この仕組みにより、量子コンピュータでは何パターンもの計算を並列に進めていくことができます。量子ビットが$n$個あれば、$2^n$パターンの情報を重ね合わせて同時に計算を進められるのです。ということは、現代のコンピュータよりも$2^n$倍計算が速くなると期待したくなりますが、それは早とちりです。量子コンピュータの計算の仕組みをきちんと理解するために、以下では量子ビットと量子論理演算についてもう少し具体的な説明へと移りましょう。

## ◆量子ビットは「重ね合わせ具合」で情報を表す

量子ビットは「0と1の重ね合わせ」の情報だと述べました。この情報は、図6でも示

図8 通常のコンピュータと量子コンピュータの構成要素の比較

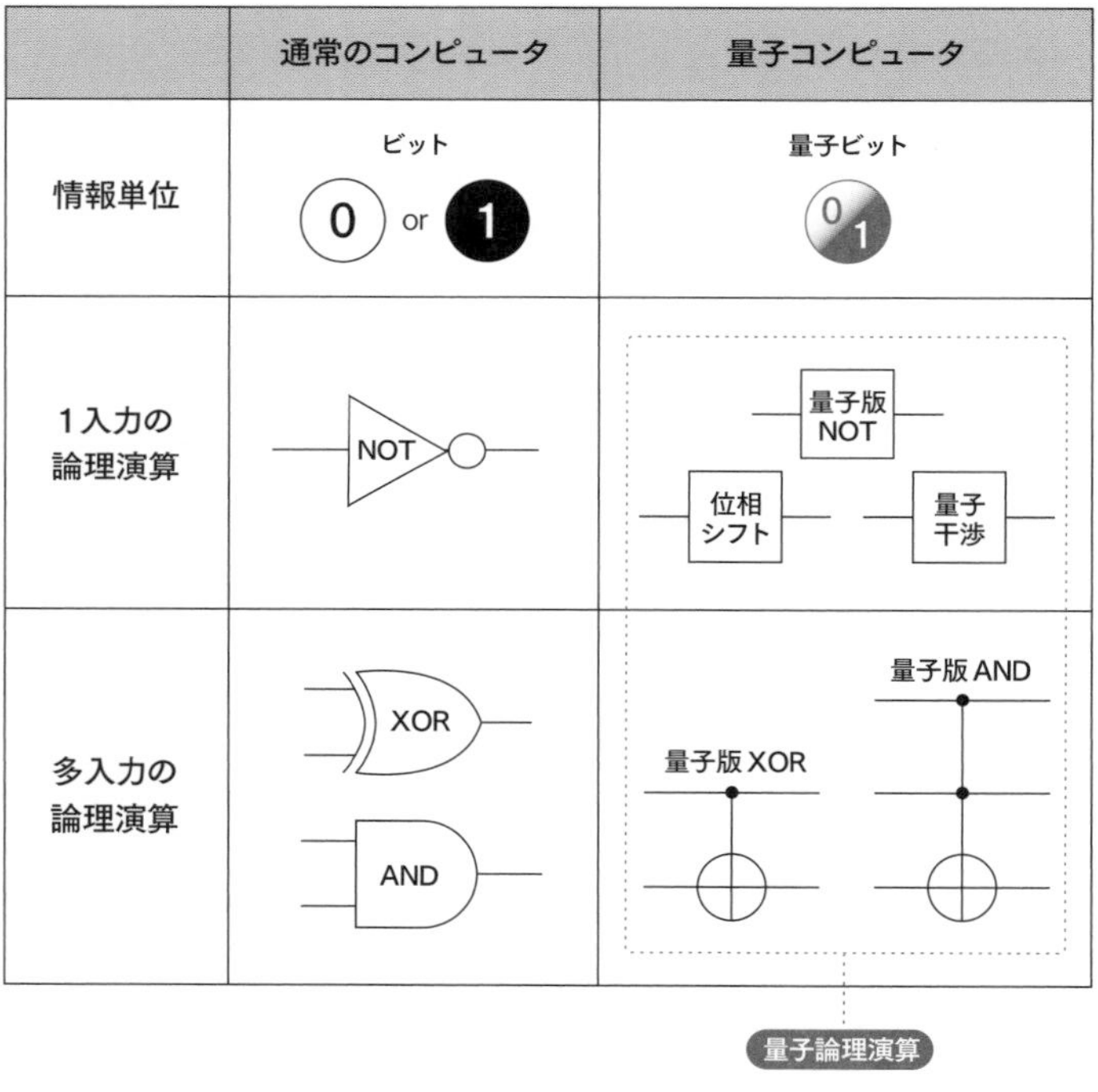

したように、2重スリット実験における電子の重ね合わせの状況に関連付けられます。2重スリット実験で、電子が左の隙間を通ったら「0」、右の隙間を通ったら「1」と対応させれば良いのです。さて、第2章では電子の「重ね合わせ具合」に色々なパターンがあるという話をしましたが、ここで少し復習しましょう。2重スリット実験では、発射された電子は波のように広がって、2つの隙間を同時に通り抜けます。このとき、2つの隙間を通り抜けた波の「大きさの比」と「振動のタイミングの差」が色々と考えられ、これによって「重ね合わせ具合」にも色々ある、ということでした。これは量子ビットでも同様で、「0」と「1」の「重ね合わせ具合」には色々なパターンがあります（**図9上**）。一口に「0と1の重ね合わせ」と言っても、「0」と「1」に対応する波の大きさの比が違ったり、振動のタイミングの差が異なったりすれば、それは異なる情報を持つ量子ビットということになるのです。量子ビットは、ただ「0」と「1」の情報が重ね合わさって同時に存在するという事実だけが重要なのではなく、その2つの「重ね合わせ具合」によって情報を表現しているというのが重要なポイントです。

量子ビットが1個ではなく$n$個ある場合の「重ね合わせ具合」はどうでしょうか？　この場合、「00…00」から「11…11」まで、$2^n$パターンの情報が重ね合わさることに

**図9** 量子ビットが1個の場合と$n$個ある場合の重ね合わせ具合

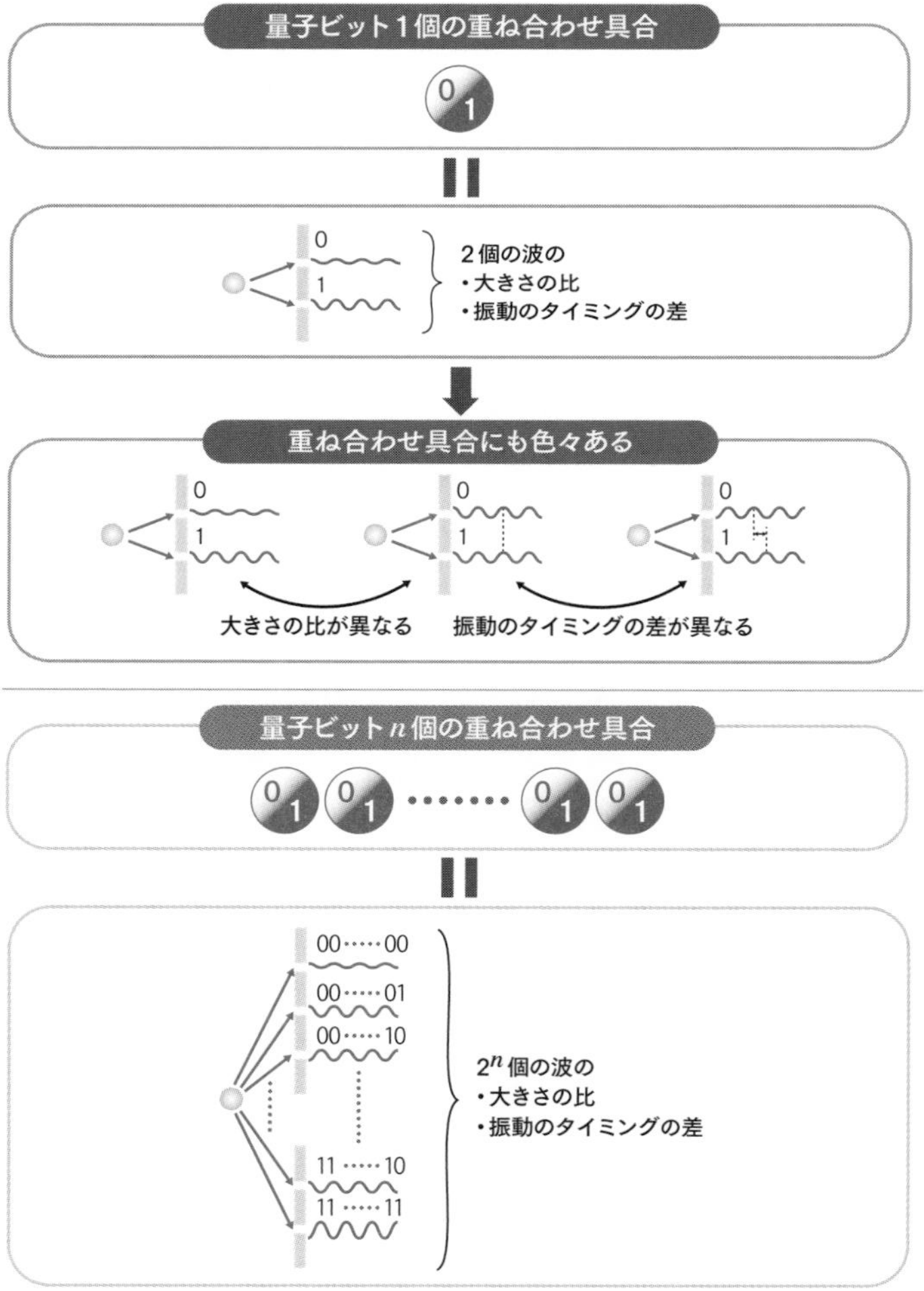

なります。$2^n$パターンの情報の重ね合わせとは、2重スリットの実験で隙間の数を$2^n$個に増やした場合に相当します（図9下）。それぞれの隙間を電子の波が通り抜けることで、電子は$2^n$通りの全ての隙間を同時に通った重ね合わせ状態となります。その「重ね合わせ具合」は、$2^n$個の波の大きさの比と振動のタイミングの差によって決まることになります。つまり、$n$個の量子ビットは、$2^n$個の波がどのように重なり合っているかという「重ね合わせ具合」の情報を表しているのです。一方、通常のコンピュータでは、$n$個ビットがあっても「011…010」のような特定の1パターンの情報のみしか表せません。従って、量子コンピュータが扱う情報は、現代のコンピュータが扱う情報とは全く質の異なる情報であることがわかるでしょう。さらに、量子コンピュータはこの「重ね合わせ具合」を表すたくさんの波をうまく利用して計算を行います。量子コンピュータとは、単に情報を重ね合わせて並列に計算するという類のものではなく、たくさんの波を操って「重ね合わせ具合」をうまくコントロールしながら計算を行う、「波を使った計算装置」なのです。

## ◆量子ビットから取り出せる情報には制約がある

量子ビットは、重ね合わせを使って、同じ個数のビットよりも圧倒的に多くの情報を表現できます。このため、量子コンピュータが現代のコンピュータよりも大量の情報を処理できることは確かです。ですから、「量子コンピュータは現代のコンピュータより計算が速いのは当たり前」と思うかもしれません。しかし、実際には話はそれほど単純ではありません。それは、量子コンピュータの計算は、最後に計算結果を読み出すときに制約があるからです。最後に計算結果を読み出すには、量子ビットがどのような情報を持つか、測って調べる必要があります。しかし、量子ビットには、測定すると重ね合わせが壊れて「0」か「1」のどちらか一方に決まってしまうという性質があります。このとき、測定前にどのような情報がどのような具合で重ね合わさっていたかという情報は消えてなくなってしまうのです。

量子ビットのこの性質は、第2章の2重スリット実験で説明した量子力学の原理によって決まっています。**図10左**のように、電子が隙間を通り抜けた直後には、左と右の隙間を通った可能性が重ね合わさっています。しかし、壁に当てて左と右どちらにいるか確認す

## 図10 量子ビットの測定

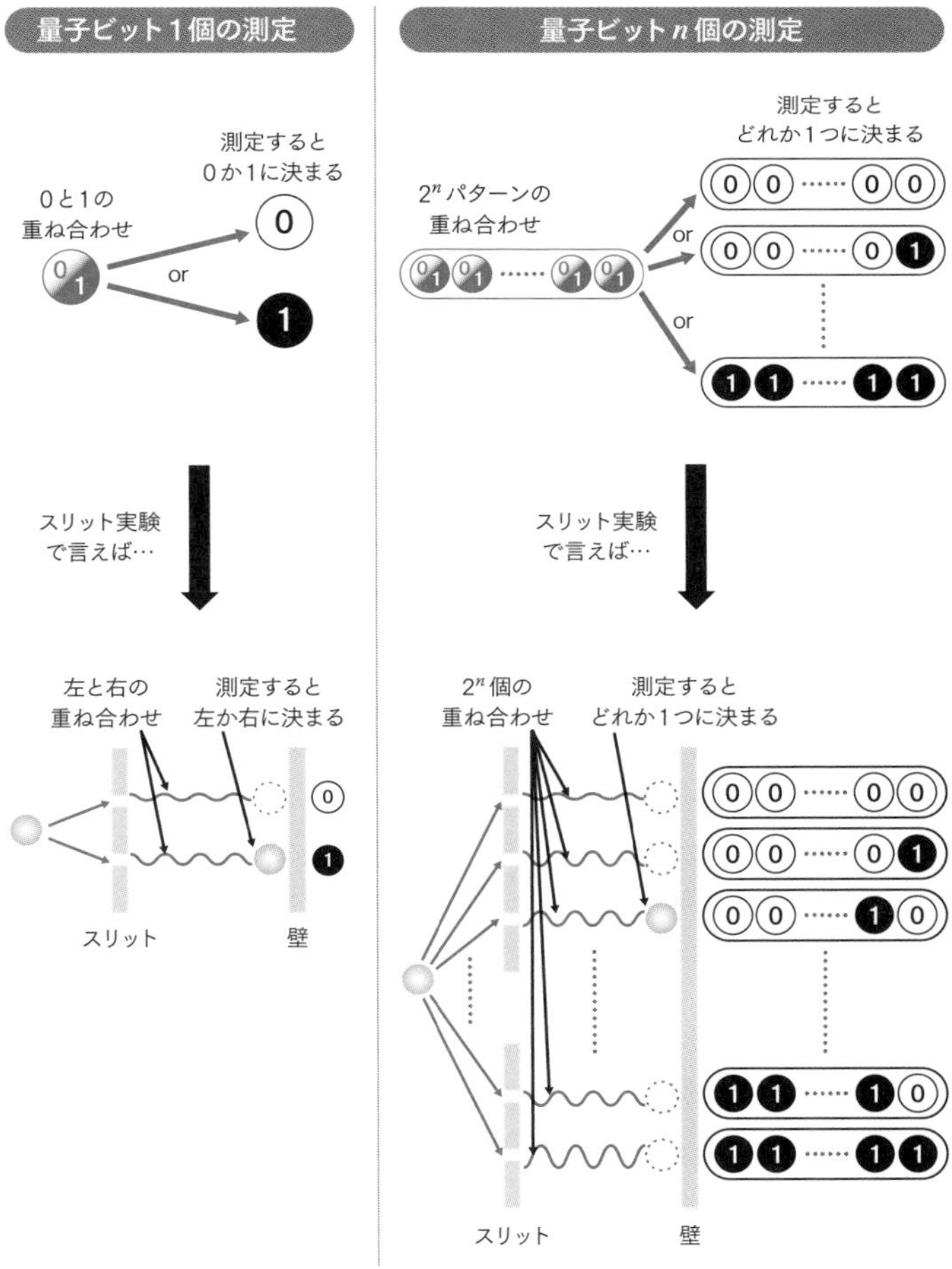
量子ビット1個の測定
0と1の
重ね合わせ
測定すると
0か1に決まる
or
0
1
スリット実験
で言えば…
左と右の
重ね合わせ
測定すると
左か右に決まる
スリット
壁
量子ビットn個の測定
$2^n$ パターンの
重ね合わせ
測定すると
どれか1つに決まる
or
スリット実験
で言えば…
$2^n$ 個の
重ね合わせ
測定すると
どれか1つに決まる
スリット
壁

ると、どちらか一方の可能性だけが選ばれて、電子はそちら側だけに現れるのです。どちらに決まるかは、2つの波の大きさの比に応じた確率でランダムに決まります。同じように、量子ビットを測定して情報を読み出すときは、もともとの重ね合わせ具合に応じた確率で、ランダムに「0」か「1」いずれか一方に結果が決まります。量子ビットが$n$個あり、**図10右**のように「00…00」から「11…11」まで$2^n$個のパターンの情報が重ね合わさっている場合も、測定して読み出す際にはどれか1パターンだけが選ばれます。このように、量子コンピュータは大量のパターンの情報を並列に処理できるという強みがある一方で、最後に計算結果として取り出せる情報は1パターンだけという厳しい制約があります。量子コンピュータを使いこなすには、この制約をきちんと理解した上で、計算の仕方を工夫する必要があるのです。

## ◆1個の量子ビットの重ね合わせ具合を変える量子論理演算

量子ビットの性質が一通りわかったところで、次に量子ビットを使った計算の仕組みを詳しく見ていきましょう。量子ビットを使った計算には、通常のコンピュータ用の論理演算を「量子版」にパワーアップさせた「量子」論理演算が使われます。そもそも、従来のコンピュータの論理演算の働きは、「0」か「1」か決まったビットの情報が入力されたときに、何らかのルールで別のビットに変換して出力することでした。量子論理演算の場合は、入力される情報が単なるビットではなく量子ビットなので、色々なパターンが重ね合わさった情報が入力されることになります。この重ね合わせ具合を何らかのルールで変換して出力するのが、量子論理演算の働きです。

まず、1入力1出力の量子論理演算を考えてみましょう。従来のビットの論理演算で1入力1出力の演算は、「0」と「1」を反転させるNOTでした。そこで、このNOTの量子版を考えてみます。**図11上**のように、量子版NOTは通常のNOTと同様に「0」と「1」を反転させる演算です。しかし、通常のNOTとの違いは、「0と1の重ね合わせ」である量子ビットに対しても、重ね合わせを保ったままNOTを行うことです。量子版NOTに入力される量子ビットの情報は、**図11上**のように「0」に対応する波と「1」に対応する波が同時に存在する重ね合わせの情報です。これに量子版NOTを行うと、「0」だった波は「1」に変わり、「1」だった波は「0」に変わります。つまり、量子版NOTは「0」と「1」の波を入れ変えて、元と異なる重ね合わせ具合の量子ビットを作り出す演算

図11 1入力1出力の量子論理演算

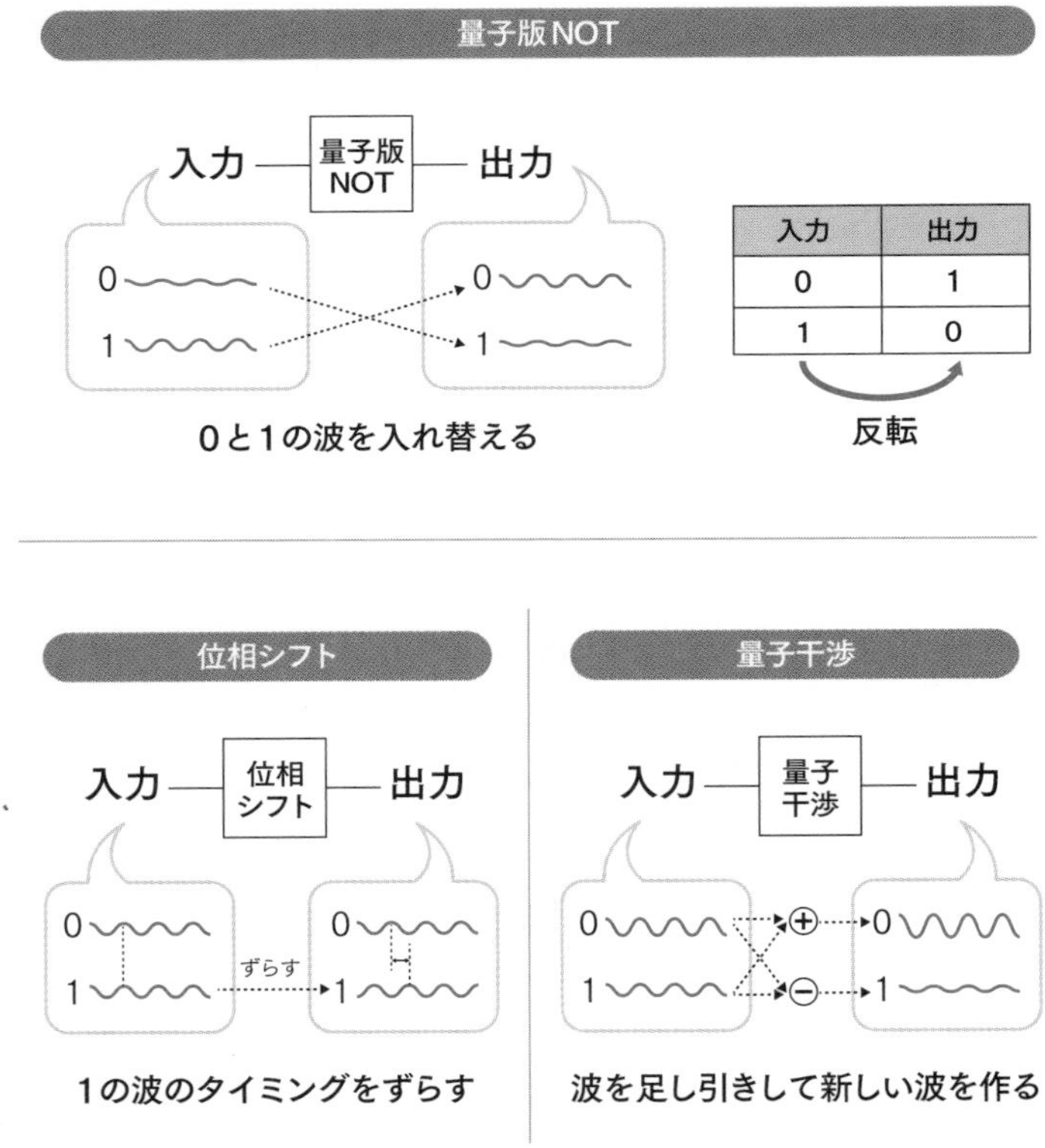

なのです。

1入力1出力の量子論理演算は、量子版NOT以外にもっと色々な種類があります。たとえば、**図11左下**のように「0と1の重ね合わせ」に対して、「1」の波の振動のタイミングだけをずらす演算があります（位相シフト）。また、**図11右下**のように、「0」と「1」の波をそれぞれ足したり引いたりして新しい波のペアを合成する演算があります（量子干渉）。波を足し引きするということは、干渉させて強め合わせたり弱め合わせたりするということです。量子論理演算とは、このように波を入れ替えたり、タイミングをずらしたり、干渉させたりして、量子ビットの重ね合わせ具合を表す波の形を変える操作なのです。**図11**で紹介した3種類の量子論理演算を組合せれば、1個の量子ビットの重ね合わせ具合を自由自在に変換できることが知られています。

## ◆2個の量子ビットを連携させる量子論理演算

1入力の量子論理演算をマスターしたところで、次に2入力の量子論理演算を考えてみます。通常のビットの論理演算では、2入力の演算として初めにANDを紹介しました。また、NOTとANDを組合せると2入力のXORという演算を作れることも紹介しました（**図4**）。ここでは、そのXORの量子版の演算を紹介しましょう（ANDの量子版の演算については、章末のコラム参照）。

量子版XORは、**図12**のように2入力・2出力の演算です。出力1には入力1の量子ビットがそのまま出てきます。一方、出力2には、入力1と入力2が同じときは「0」を、違うときは「1」が出力され、これは通常のXOR（**図4**）と同じです。しかし、変換ルールは同じといっても、量子版XORは「0と1の重ね合わせ」の量子ビットに対して重ね合わせを保ったまま実行できるのが違いです。例えば、初めに入力1が「0と1の重ね合わせ」、入力2が「0」だったとします。2つの入力をセットで見ると「00」に対応する波と「10」に対応する波が同時に存在する重ね合わせになっています（**図12上**）。量子版XORは、**図12下**の表のルールに従って、「00」の波はそのまま変化させず、「10」の波を「11」の波に変えます。この結果、出力側の2個の量子ビットは「00」と「11」の重ね合わせになるのです。**図12下**の表を見ると、量子版XORは「10」を「11」に、「11」を「10」に変える変換なので、これは「10」と「11」の波だけを入れ替えるような変換だと理解することもできます。

**図12** 2入力2出力の量子版XORの働き

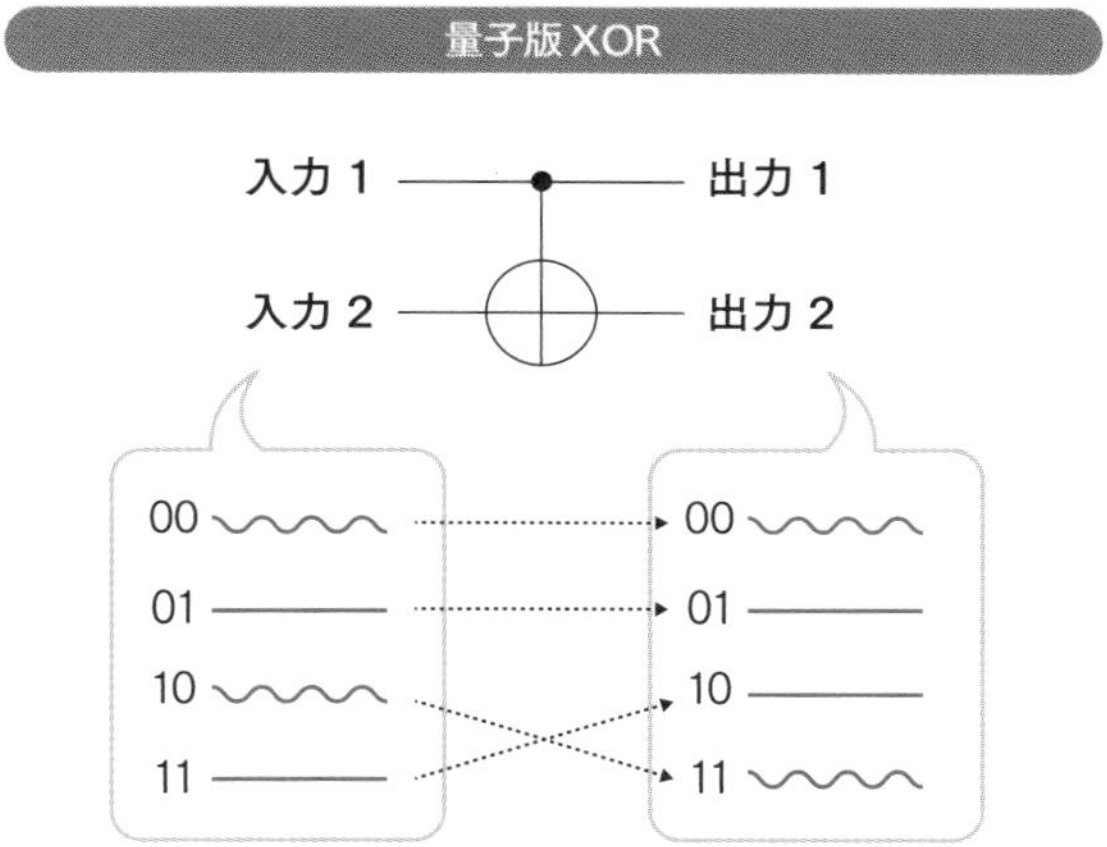


10と11の波を入れ替える

| 入力1 | 入力2 | 出力1 | 出力2 |
|---|---|---|---|
| 0 | 0 | 0 | 0 |
| 0 | 1 | 0 | 1 |
| 1 | 0 | 1 | 1 |
| 1 | 1 | 1 | 0 |

出力1：入力1と同じ

出力2：入力1・2のXORと同じ

一方、見方を変えると、量子版XORは「2つの量子ビットを連携させる」という重要な役割も持っています。上で示した例では、出力1・2から「00」と「11」の重ね合わせとなった量子ビットのペアが出力されました。このペアは出力1の量子ビットが「0」なら出力2も「0」、出力1が「1」なら出力2も「1」という相関を持っています。量子版XORは、このように量子ビットと量子ビットの間に相関をつくりだし、量子ビット同士を連携させる役割を持っています。量子版XORを色々な量子ビットの間で作用させていけば、たくさんの量子ビットの間に相関をつくって連携させることができます。量子コンピュータはこのような連携プレーをうまく活用しながら計算しているのです。この相関は量子力学特有のもので、「量子相関（量子もつれ）」と呼ばれます。

量子コンピュータでは、ここまで紹介した1個の量子ビットの演算と2個の量子ビットの演算があれば、どのような計算も実現できることがわかっています。これは、現代のコンピュータがNOTとANDの演算の組合せで何でも計算できることと同じです。たくさんの量子ビットを使った複雑な計算も、これらの演算を多数組合せることで実現できるのです。従って、量子コンピュータの計算の基本的なルールは、これで全て説明したことになります。

## ◆量子コンピュータは波を操って答えを導く計算装置

量子コンピュータの計算のルールを一通り説明しましたが、結局、量子コンピュータの計算と現代のコンピュータの計算はどう違うと理解すればよいのでしょうか？　これまで説明してきたように、現代のコンピュータでは、ビットの「0」と「1」で情報を表し、論理演算でビットを変換しながら計算を行います。量子コンピュータでは、量子ビットの重ね合わせ具合で情報を表し、量子論理演算でその重ね合わせ具合を変換しながら計算を行います。一見すると、「重ね合わせ」を使って計算の仕組みが少し変わっただけに思えるかもしれません。しかし、具体的な計算の様子をイメージしてみると、計算の質は全く異なることがわかります。

通常のコンピュータは、**図13**のようにNOTやANDの論理演算を組合せて回路を作ることで、加減乗除を始めとする様々な計算を実行しています。この回路は、言わばどういう順にビットを変えていけば答えが出てくるかという指示書です。はじめに入力されたビットのパターンからスタートして、1個1個の指示ごとに「0」と「1」の情報を切り替えていきます。これは、**図13下**のように、指示書に従って順番に「その子、赤い旗を上げ

図13 通常のコンピュータにおける計算のイメージ

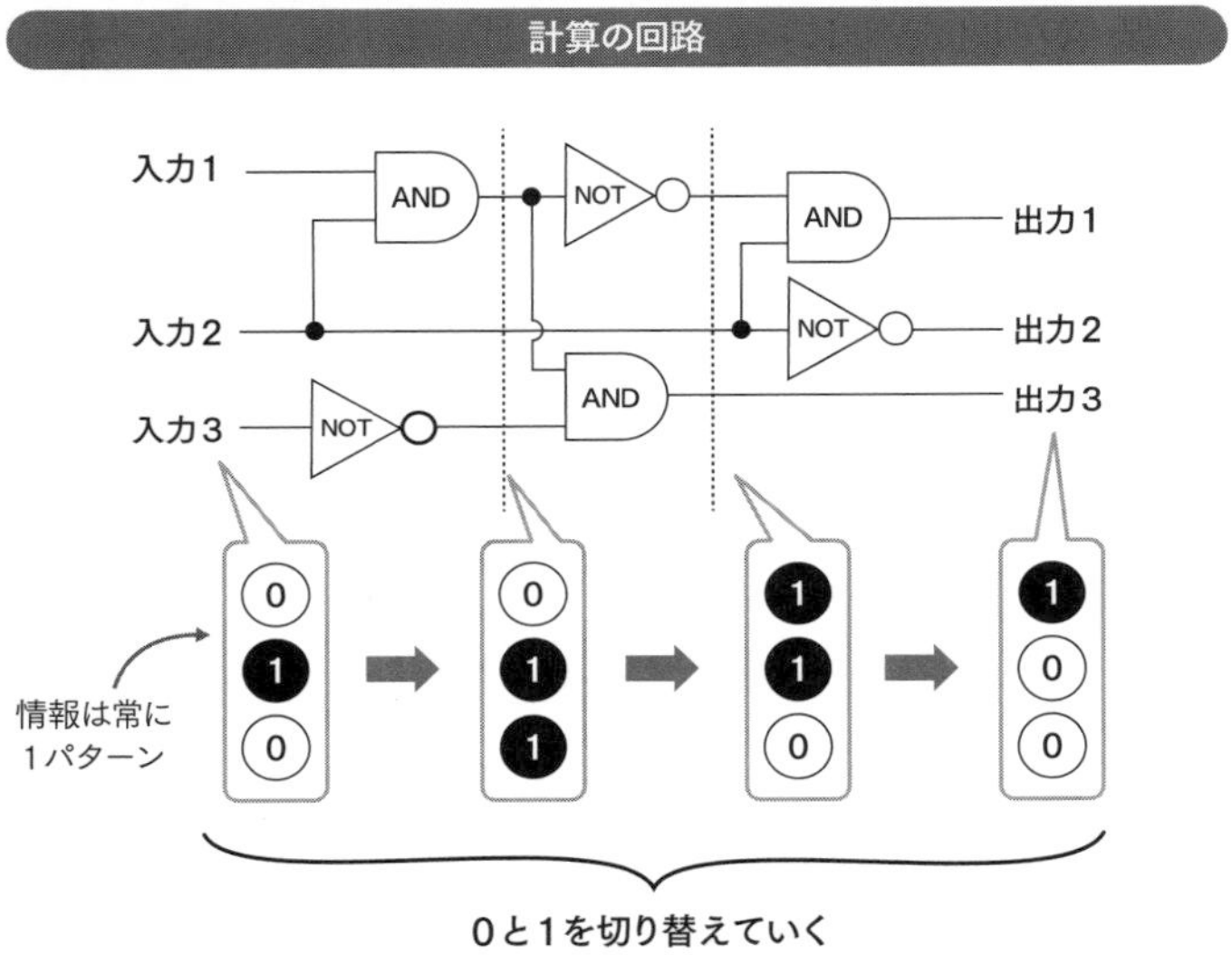

て」「次はこちらの子、上げる旗を今と逆にして」というように命令をしていき、指示ごとに旗のパターンを切り替えていくイメージでしょうか。そして、一連の指示が終わると、答えとなるパターンが現れるのです。この計算では、ある1パターンのビットを入力すれば、1パターンの計算が実行されて答えが得られます。当然、別のパターンの計算を行うには、入力を変えて改めて計算を実行し直す必要があります。

一方、量子コンピュータでは**図14**のように量子論理演算を組合せた回路で計算を実行し、最後に量子ビットを測定して計算結果を読み出します。量子論理演算は重ね合わせられた多数のパターンの情報を同時に処理できるので、この回路は多数のパターンの計算を並行して進めることができます。**図13**の通常のコンピュータの回路では、演算を行うごとに各ビットの「0」と「1」が個別に切り替わっていきました。このため、**図14**の量子コンピュータの回路でも同様に、演算を行うごとの入力1~3の各量子ビットの情報が個別に切り替わっていくだけとイメージするかもしれません。しかし、そのイメージは正しくありません。3つの量子ビットは、それぞれが個別に「0と1の重ね合わせ」の情報を表しているわけではなく、3つセットで「000~111の重ね合わせ」を表しています。より正確に言えば、3つの量子ビットが表しているのは「8パターンの波がどのような大きさ

## 図14 量子コンピュータにおける計算のイメージ

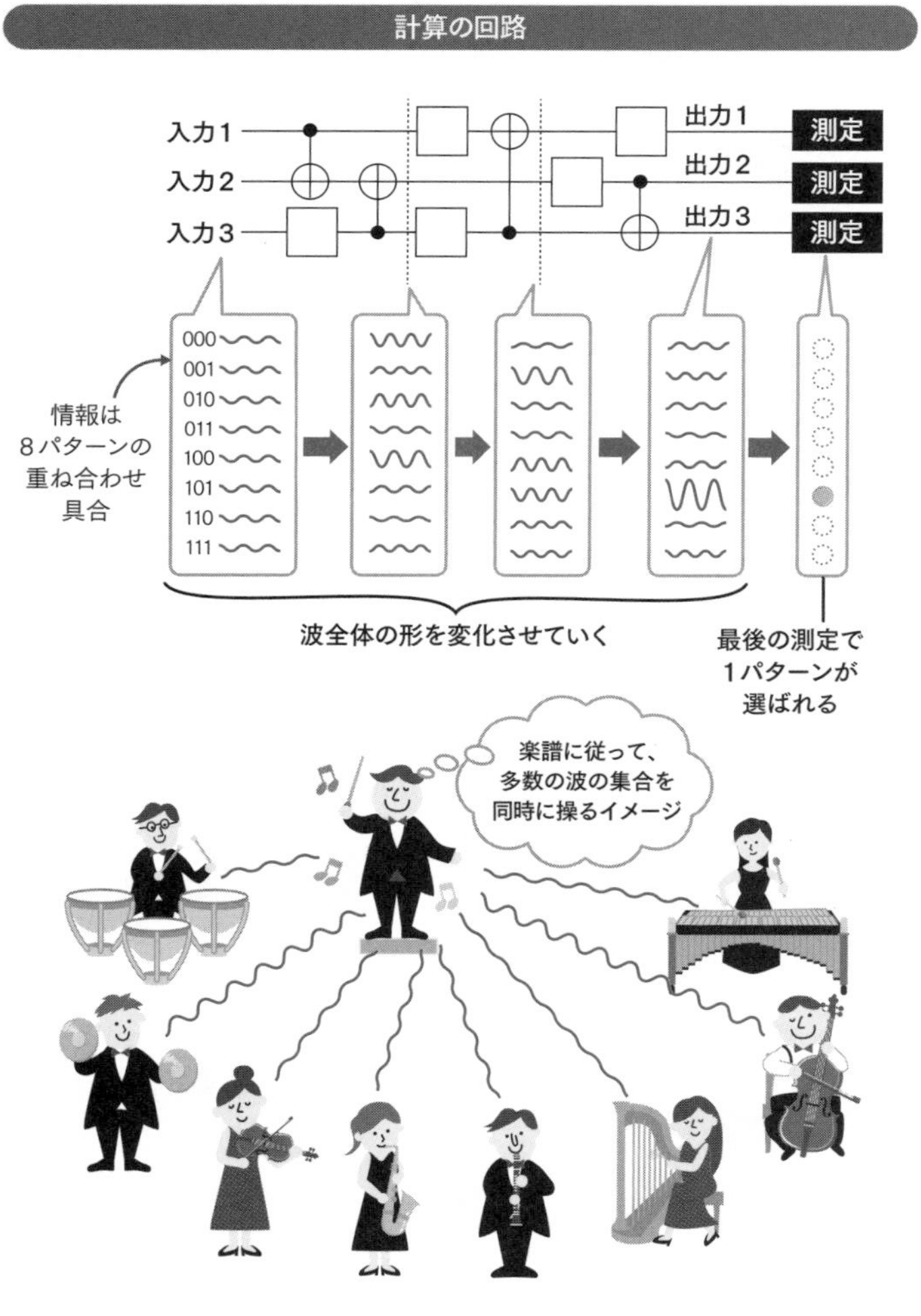

の比と振動のタイミングの差で重ね合わさっているのか」という情報です。図14の回路図は、言わばこれら8パターンの波を操るための楽譜です。例えるなら、指揮者がこの楽譜に従って指揮棒を振ることで、8パターンの楽器が奏でる音の波のタイミングや強弱をコントロールして、オーケストラ全体が奏でるメロディを操るようなイメージでしょうか。実際に、楽譜（回路図）の通りに量子論理演算を行っていくと、8パターンの波が、入れ替わったり、タイミングがずれたり、干渉したりして、波全体の形が変化していきます。注意しなくてはならないのは、最後に量子ビットを測定して計算の答えを読み出すときは、8パターンの中からどれか1パターンの結果のみが選ばれてしまい、重ね合わせた全パターンの情報は読み出せないことです。これを踏まえて量子論理演算の組合せ方を工夫し、一連の演算を行った後にうまく欲しい答えだけを読み出せるような波の形に仕上げるのです。

このように、量子コンピュータは単なる並列計算装置ではなく、たくさんの波を操って答えを導く「波を使った計算装置」だということがイメージできたでしょうか。量子コンピュータとは現代のコンピュータに量子の性質がちょっと加わっただけ、と捉えがちですが、実際に扱っている情報や行っている計算の質はまるっきり違うのです。本書では触れませんが、量子コンピュータで波の集まりの形を変えながら計算を行う様子は、大学で習う「行列」という数学を使って書き表すことができます。本格的に勉強したい方は、本書を読み終えた後に、もう少し数学的な説明のある専門書にトライしてみると良いでしょう。

## ◆並列計算だけでは計算は速くならない

以上のように、1パターンだけ計算できる通常のコンピュータと違って、量子コンピュータはたくさんのパターンの情報を波として並列に処理しながら計算できます。しかし、やみくもに並列計算を行うだけでは計算は速くなりません。

足し算の計算を例にして説明しましょう。通常のコンピュータでは足し算の回路が作れることをすでに述べましたが、同様に量子コンピュータでも量子版の足し算回路を作ることができます（詳しくはコラム1）。そのイメージは**図15**の通りです。通常のコンピュータでビットとビットの足し算を行う場合、一度に「0＋0」、「0＋1」、「1＋0」、「1＋1」の4パターンの足し算のどれか1つしか実行できません。しかし、量子版足し算回路では、これら4パターンの足し算を重ね合わせながら同時に行うことができるのです。4パターンの計算が同時にできると聞くと、1回に1パターンしか計算できない現代のコンピュー

**図15** 通常のコンピュータと量子コンピュータの足し算の比較

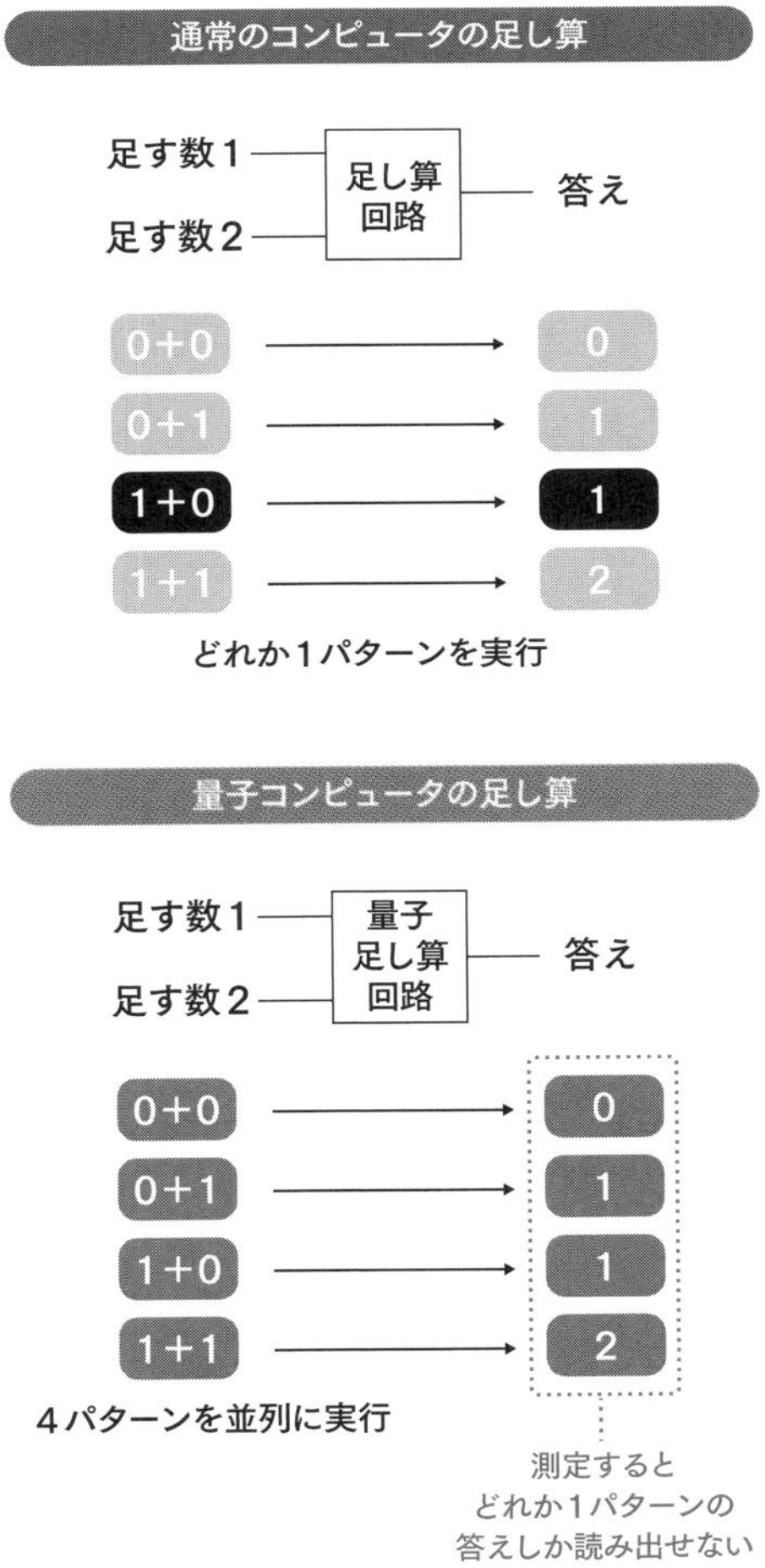

タの足し算に比べて、量子コンピュータの足し算は計算が4倍速いような印象を抱くかもしれません。しかし、実際にはそうなりません。その理由は、重ね合わせて計算した全ての計算結果を取り出す方法がないからです。すでに述べた通り、量子ビットには測定すると重ね合わせが壊れてどれか1つに決まるという性質があります。今回の場合も、何も工夫せずに最後に計算結果を測定すると、4パターンの計算のいずれか1つの結果だけがランダムに選ばれて得られるのです。これなら、通常のコンピュータで足し算した方がマシです。

量子コンピュータが重ね合わせて並列計算ができるというのは、現代のコンピュータとは決定的に異なる点です。しかし、並列計算の結果全てが得られるわけではなく、最後に得られる計算結果は1つなので、並列計算だけでは計算は速くなりません。並列計算の結果をうまく利用するには、波の集まりを操って計算する際に、波と波の干渉をうまく利用する必要があります。重ね合わせと干渉の両方をうまく活かすことができて初めて量子コンピュータの真の能力が発揮され、計算が高速化するのです。

ここまで、現代のコンピュータと量子コンピュータを比較しながら、その計算の仕組みの違いを紹介してきました。量子コンピュータの計算の仕組みを端的に説明する場合、単に「重ね合わせて並列計算するコンピュータ」と説明されることも多いです。しかし、本章ではもう一歩踏み込んで仕組みを説明し、量子コンピュータは「波を使った計算装置」であると述べました。たくさんの波を操って計算するというイメージができるようになれば、量子コンピュータの本質がわかったと言っても過言ではありません。このイメージを元にして、次章では波をどのように操れば計算が高速化するかを見ていくことにしましょう。

## コラム1 通常のコンピュータと量子コンピュータの足し算回路

図15で登場した通常のコンピュータと量子コンピュータの足し算回路に興味がある方のために、その中身をもう少し詳しく説明しておきます。まず下準備として、通常のコンピュータにおけるANDの演算の量子版を図16に示します。この演算では、出力1には入力1が、出力2には入力2がそのまま出力されます。出力3には入力1と入力2が

図16 量子版ANDの働き

量子版AND

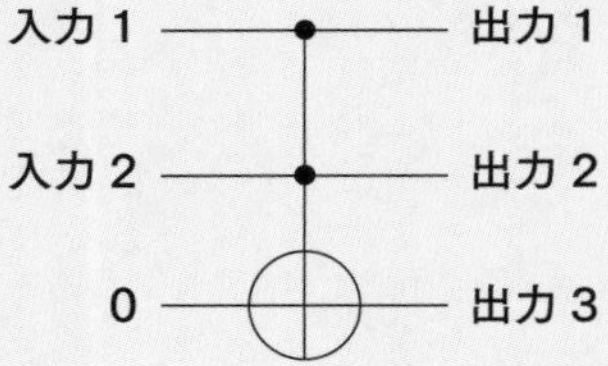


| 入力1 | 入力2 | 出力1 | 出力2 | 出力3 |
|---|---|---|---|---|
| 0 | 0 | 0 | 0 | 0 |
| 0 | 1 | 0 | 1 | 0 |
| 1 | 0 | 1 | 0 | 0 |
| 1 | 1 | 1 | 1 | 1 |

入力1と同じ

入力2と同じ

入力1・2のANDと同じ

両方とも「1」なら「1」、それ以外なら「0」が出力されるので、ANDの演算の出力と同じになります。しかし、量子版ANDはこの変換を重ね合わせた情報全てに対して並列に行うことができます。

下準備が終わったところで、通常のコンピュータと量子コンピュータにおける足し算回路の正体を**図17**に示します。この図のように、足し算回路は、通常のコンピュータならANDとXORで、また量子コンピュータなら量子版ANDと量子版XORで作れます。これらの回路では、足したい2つのビット、もしくは量子ビットが足す数1・2に入ります。この足し算の答えが2桁の2進数で表され、下の位と上の位の値がそれぞれ別に出力されます。この回路で足し算が計算できることは、実行され得る4パターンの足し算、つまり「0+0」、「0+1」、「1+0」、「1+1」を全て確認すればわかります。これらの足し算の答えは、10進数で「0」、「1」、「1」、「2」です。これを2桁の2進数で表せば「00」、「01」、「01」、「10」となります。練習問題として、**図17**の回路図でこの4パターンの足し算がきちんと計算できることを確かめてみると良いでしょう。

通常のコンピュータの足し算回路では、足す数1・2に「0」や「1」が入力され、「0+0」、「0+1」、「1+0」、「1+1」の4パターンのいずれか1つが計算されます。—

**図17 足し算回路の構成**

## 通常のコンピュータの足し算回路

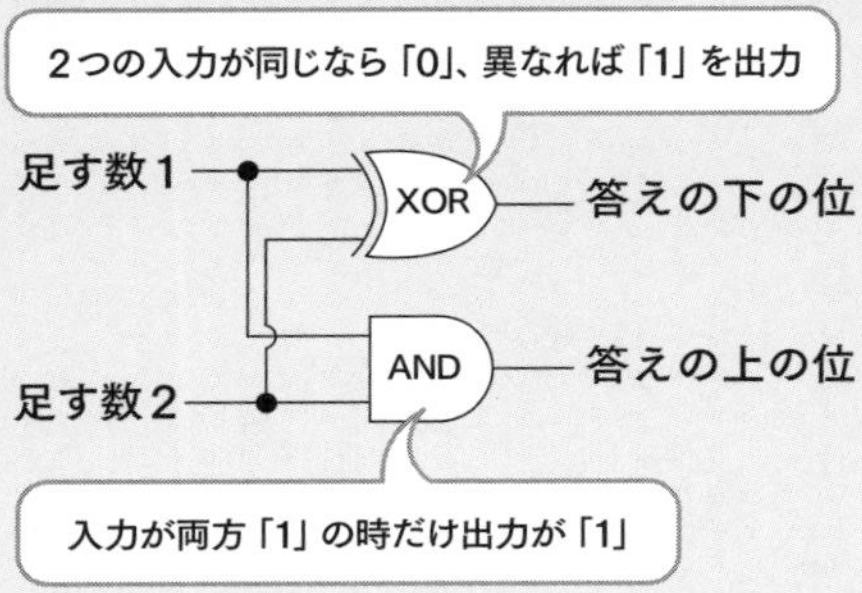


## 量子コンピュータの足し算回路

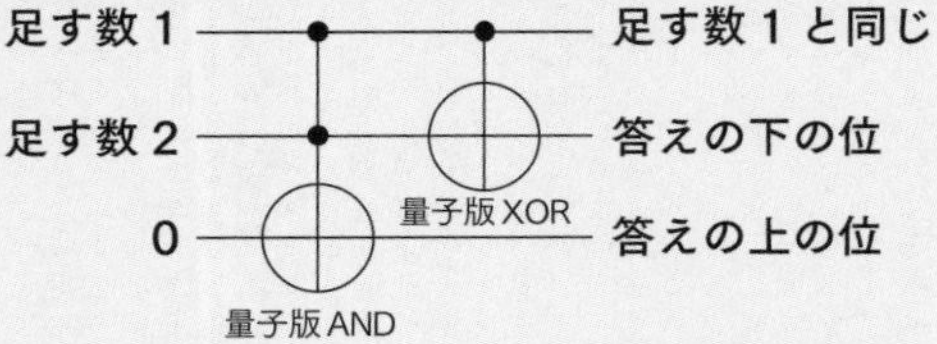


| 実行する足し算 | 足す数1 | 足す数2 | 答えの上の位 | 答えの下の位 | |
|---|---|---|---|---|---|
| 0+0 | 0 | 0 | 0 | 0 | ←10進数で0 |
| 0+1 | 0 | 1 | 0 | 1 | ←10進数で1 |
| 1+0 | 1 | 0 | 0 | 1 | ←10進数で1 |
| 1+1 | 1 | 1 | 1 | 0 | ←10進数で2 |

練習問題として、上の回路図の出力が
このような結果になることを確かめてみましょう

方、量子コンピュータの足し算回路では、足す数1・2がそれぞれ「0と1の重ね合わせ」であれば、「0+0」、「0+1」、「1+0」、「1+1」という4パターンの足し算が重ね合わされながら同時に実行されることになります。この結果、4パターンの足し算の答えが重ね合わさって出力され、最後に測定するとそのどれか1パターンの答えが得られることになります。この足し算回路の例のように、量子コンピュータは計算の過程で何パターンも重ね合わせて並列に計算することができるのです。

## コラム2 量子コンピュータは逆向きにさかのぼれるコンピュータ

ここまで、通常のビットの論理演算と量子ビットの量子論理演算の例をいくつか紹介しました。これらを比較した場合に、入力や出力の個数が異なることに気づいた方がいらっしゃるかもしれません。例えばXORは2入力1出力なのに対し、量子版XORは2入力2出力です。ANDは2入力1出力なのに対して量子版ANDは3入力3出力です。この違いは何から生まれるのでしょうか？　実は、これは量子コンピュータの計算が「出力から入力へ逆向きにさかのぼれる」ことと関係しています。

従来のコンピュータの論理演算は、逆向きにさかのぼれないケースがあります。つまり、出力が与えられても入力が1通りだけには決まらない場合があるのです。例えば図18左のように、XORの出力が「0」だったとしましょう。出力が「0」となるケースは、2個の入力が「00」である場合と、「11」である場合の2通りが考えられますが、どちらだったのかは判断できません。つまり、XORは出力から入力へとさかのぼることができないのです。これはANDも同様です。さかのぼれない理由は、入出力の個数に着目すると明らかです。XORやANDの演算では、入力側では2個のビットがあるのに対して、出力側では1個しかありません。入力側から出力側へ進むときに、ビットの数が減るということは、ビットの情報の一部が失われていることを意味します。失われたビットの情報が取り戻せない限り、出力のビットの情報だけから入力のビットの情報を決めることは原理的にできないのです。

現代のスマホやノートパソコンなどは、ずっと使用していると熱くなりますよね？　実は、熱くなる1つの理由は、論理演算のたびに情報が失われるからなのです。物理学で

図18 論理演算（XOR）は逆向きにさかのぼれないが、量子論理演算（量子版XOR）はさかのぼれる

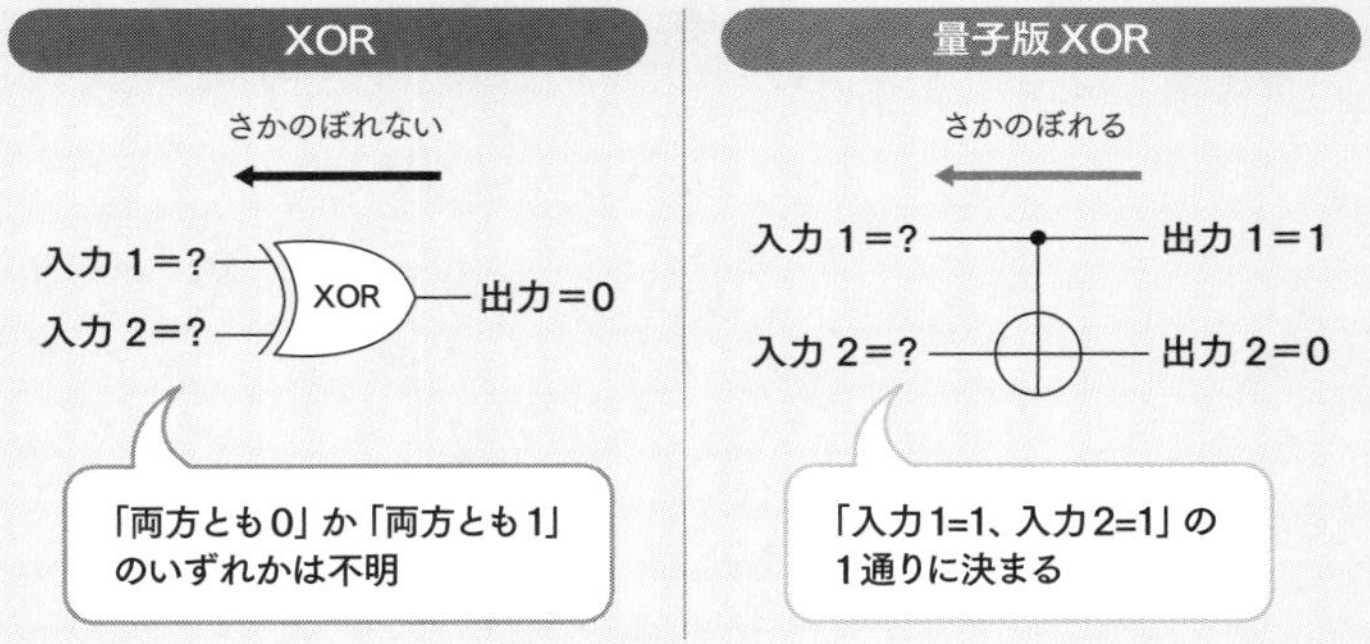


は、「情報を失うとき、必ず熱が発生する」という法則（ランダウアーの原理）が知られています。つまり、XORやANDなどの論理演算を使って計算している限り、どれほど工夫してコンピュータを作ったとしても、熱の発生は避けられないということです。熱が発生するということは、それだけ電力を消費するということになります。

現代のコンピュータは、性能が上がれば上がるほど発熱量と消費電力が増え、大きな問題となっています。事実、研究所などに設置されているスーパーコンピュータは、一般家庭数万世帯分の電力を消費しているそうです。

これに対して、量子コンピュータは、情

報を失わず、逆向きにさかのぼることのできるコンピュータになっています。量子版の論理演算、つまり量子版XORや量子版ANDでは、情報を失わないために、入力や出力の数が増え、かつ入力と出力が同じ個数になっていることがわかるでしょうか。例えば**図18右**のように、量子版XORでは、出力1・2が「0」と「1」のどのような組合せで与えられた場合も、必ず入力1・2が「0」になるか「1」になるかが1通りに決まります。これは、入力パターンが異なれば、必ず異なる出力パターンになるような変換ルールになっているからです。このような逆向きにさかのぼれるコンピュータは、原理的には熱の発生を限りなくゼロに近づけることができ、消費電力を小さくできます。従って、量子コンピュータは、計算性能が高いことに加えて、低消費電力のエコなコンピュータになりうる可能性を秘めているのです。

## 第3章のまとめ

◆現代のコンピュータはビットで情報を表し、NOTやANDなどの論理演算を組合せて計算を行います。一方、量子コンピュータは量子ビットで情報を表し、量子版の論理演算を組合せて計算を行います。

◆量子ビットが $n$ 個あると、$2^n$ 通りのパターンの情報を重ね合わせて同時に持つことができます。このとき、単に重なり合っているだけでなく、$2^n$ 通りのパターンの「重ね合わせ具合」によって情報が表現されています。

◆量子コンピュータは、量子論理演算を使って、「重ね合わせ具合」を表すたくさんの波を入れ替えたり、タイミングをずらしたり、干渉させたりして答えを導き出す「波を使った計算装置」です。

◆量子コンピュータは重ね合わせて多数のパターンを並列に計算できますが、最後に得られる計算結果は1つなので、並列計算だけでは計算は速くなりません。重ね合わせだけでなく、波の干渉をうまく活かすことが重要です。

第4章

# 量子コンピュータはなぜ計算が速いか？

## ◆量子コンピュータの速さに関する誤解

第3章では、量子コンピュータの基本的な計算のルールを紹介しました。ルールがわかったところで、この章では量子コンピュータの核心となる疑問に迫りましょう。その疑問とは、「量子コンピュータはなぜ現代のコンピュータよりも計算が速いか？」です。

量子コンピュータに関するインターネットや雑誌の一般的な記事は、量子コンピュータの計算の速さについて誇張した記述が目立ちます。例えば、「量子コンピュータはスーパーコンピュータより1億倍高速」のような記述です。これはまるで、量子コンピュータでどのような計算をする場合も1億倍高速化するかのような誤解を生みます。実際には、高速化できる計算の種類は限られていますし、何倍高速になるかは場合によって変わります。もう1つの例として、「$n$個の量子ビットがあると$2^n$種類の情報を重ね合わせて一度に処理できるため、計算が高速化する」という説明もあります。これは、計算の高速性が重ね合わせだけで起こるような誤解を生むと共に、計算が$2^n$倍速くなるかのような印象を与えます。この理解も大間違いです。このような誤解の結果、量子コンピュータに過度な期待が寄せられているように思います。

皆さんに量子コンピュータについて正しい認識を持ってもらうことが本書の目的の1つです。この章では、そもそも計算の速い遅いとは何なのか？　量子コンピュータはどのような仕組みで計算が速くなるのか？　具体的にどのような計算が速くなるのか？　といった疑問に一つひとつ答えていきたいと思います。それが理解できれば、皆さんはもう、量子コンピュータに関する世の中の扇動的なニュースに踊らされることはなくなるでしょう。

## ◆現代のコンピュータが苦手な問題

現代のコンピュータの性能は非常に高く、日常生活で行うような計算はほぼ瞬時に答えを出してくれます。また、企業や研究機関が高度な計算を行うためには、スーパーコンピュータという大型のコンピュータが用いられます。例えば、気象庁の天気予報は、スーパーコンピュータに大気の流れを計算させて行っているのです。スーパーコンピュータは、通常のコンピュータの千倍から数万倍以上の計算性能を持ちます。しかし、世の中には、スーパーコンピュータをもってしても答えを求めることが難しい問題が山ほどあります。量子コンピュータは、そういった問題を解く救世主になる可能性を秘めています。

救世主と言っても、量子コンピュータは、現代のコンピュータで原理的に解けない問題を解くことはできません。例えば、「人生の意味は?」という問題は、現代のコンピュータはもちろん、量子コンピュータでも答えは出せません。意外に思う方もいるかもしれませんが、量子コンピュータも現代のコンピュータも解ける問題の範囲自体は同じなのです。その理由は、どれだけ大規模なスーパーコンピュータを使って、どれだけ時間をかけても良いのなら、量子コンピュータの振る舞いを現代のコンピュータに真似させることができるからです。つまり、量子コンピュータが解ける問題は、お金と時間さえかければ、現代のコンピュータでも原理的には解くことができます。

しかし、「原理的に解ける」かどうかと、「現実的に解ける」かどうかは別問題です。現実的に解けるかどうかというのは、現実的な大きさのコンピュータを使って、現実的な時間で問題が解けるかということです。問題を解くための計算手順はわかっていたとしても、その計算には地球上の全てのコンピュータを総動員しても記憶しきれないほどのデータを記憶しておく必要があるだとか、計算を終えるのに1億年かかるということになったら、それは現実的に解けないことになるのです。

世の中には、問題の規模が大きくなると、必要な計算時間が爆発的に増えるケースがあ

**図1 巡回セールスマン問題**

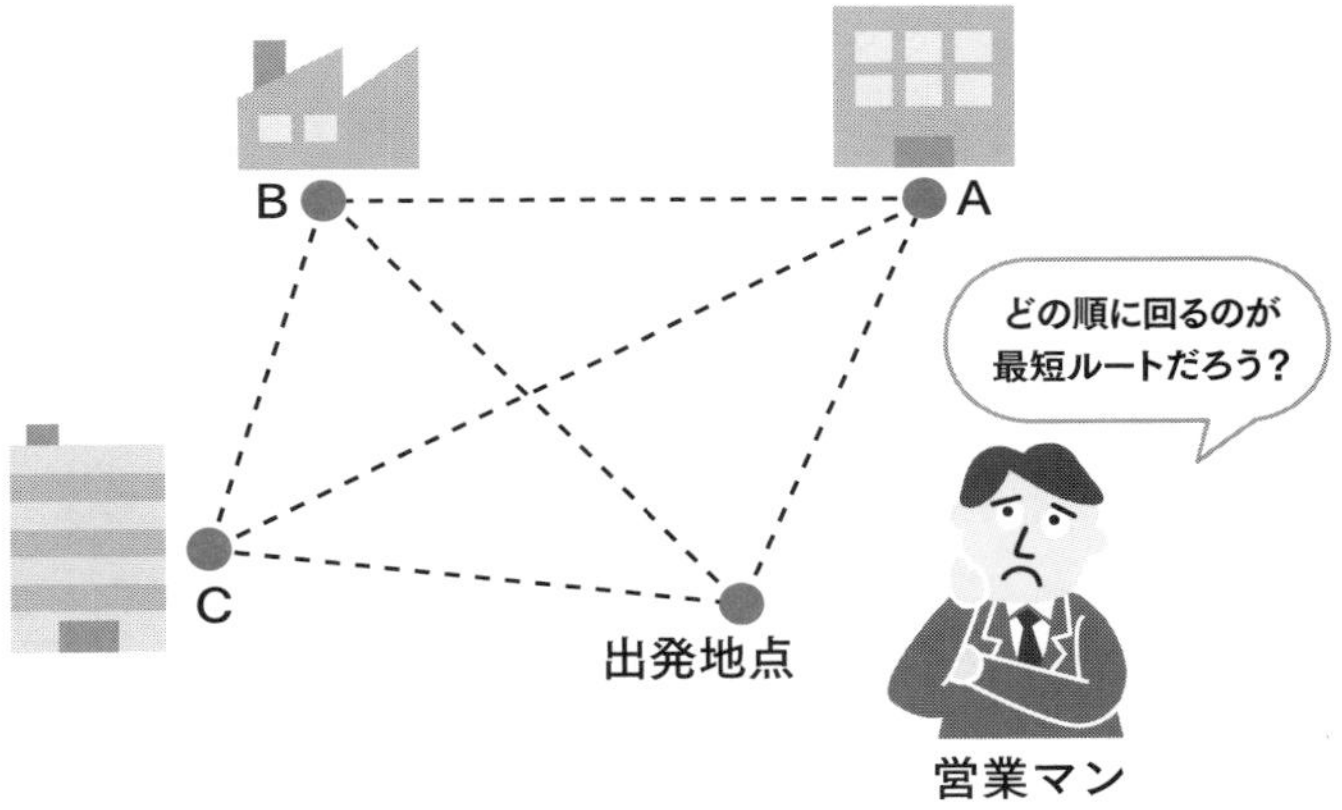


ります。そういったタイプの問題は「解くのが難しい問題」に分類されます。現代のコンピュータで解くのが難しい問題の代表例が、複数のパターンの中から最適なものを選び出す「組合せ最適化問題」です。難しく聞こえるかもしれませんが、「組合せ最適化問題」は私たちの身の回りに溢れています。例えば**図1**のように、あなたはセールスマンで、複数の都市にいるお客様を1回ずつ訪問して元の場所に戻りたいとしましょう。どのような順番で各都市を回るのが最短経路になるでしょう？　この問題は巡回セールスマン問題と呼ばれる「組合せ最適化問題」の1つです。都市がA、B、Cの3か所の場合、初めに訪れる都市は3

通り、2番目に訪れる都市は2通り、3番目に訪れる都市は1通り、従って経路は3×2×1＝6通りです。この全てのパターンの経路の長さを計算して比べれば、どの経路が最短かわかるでしょう。しかし、この問題は都市の数が増えると、パターンの数が爆発的に増加します。都市の数が $n$ だとすると、経路は $n\times(n-1)\times\cdots\times 2\times 1$ 通りあります。$n=10$ だと約363万通り、$n=20$ だと約243京通りで、$n=30$ だとさらにその100兆倍の経路があります。$n=30$ の場合は、1秒間に1京回（$10^{16}$ 回）の計算を行えるスーパーコンピュータ「京」でも、全てのパターンをしらみつぶしに調べるのに1億年以上かかることになります。これは、問題の規模（都市の数）が多くなると、計算時間が爆発的に増える例です。組合せ最適化問題は、どれも同じような性質を持っています。総当たりで全てのパターンを調べれば答えは必ず見つかるため、原理的には必ず解けます。しかし、そのパターン数が問題の規模に従って爆発的に増えるので、ある程度の規模になると、現実的には解けないことになるのです。

また、整数を素数の掛け算の形に分解する素因数分解も、現代のコンピュータで解くのが難しい問題の1つです。2桁程度の数の素因数分解は、暗算でも15＝3×5と簡単にできます。桁数の大きな数の素因数分解も、小さい数から順に割り算していけば原理的には解けるはずです。しかし、実際には1桁増えるだけで必要な計算回数が格段に増えます。数字が数百桁まで大きくなると、現代のコンピュータでも解くのに数千年や数万年という膨大な時間がかかります。これも、問題の規模（桁）が増えると、計算時間が爆発的に増える例です。ちなみに、素因数分解の場合、実は現代のコンピュータで効率良く解く方法がまだ見つかっていないだけで、今後誰かが発見する可能性はゼロではありません。従って、正確に言えば、素因数分解は「今のところ」解くのが難しい問題ということになります。しかし、これまで長い歴史の中で世界中の数学者が挑戦して、誰も良い解法が見つけられなかったわけですから、そう簡単には見つからないだろうと信じられています。

## ◆量子コンピュータが現代のコンピュータより「速い」とは？

現代のコンピュータでも解くのが難しい問題が山ほどあることがわかりました。こういった問題は、解くのをあきらめるしかないのでしょうか？　いえ、まだあきらめるのは早いです。量子コンピュータはそういった問題の一部をより速く解けることがわかっているからです。「速くって、どれくらい速いの？」と思うかもしれません。まずお話ししておきたいことは、この「速い」とは、実際の計算の所要時間を見積もって比べているわけではないということです。計算の所要時間は、「計算1回を行うのにかかる時間」と「計算回数」の掛け算になります（**図2**）。しかし、そもそも実用レベルの量子コンピュータはまだ実現できていないわけですから、この「計算1回を行うのにかかる時間」はわからないのです。このため、計算の速さを比べる場合は、通常は「計算回数」だけを比べます。量子コンピュータの方が速いという場合は、同じ問題を解くための計算回数が減るという意味です。現代のコンピュータが真似できない量子コンピュータ特有のスマートな解き方をすることによって、計算回数が劇的に減る問題があるのです。

こう説明すると、「せっかく量子コンピュータで計算回数が減っても、量子コンピュータの計算1回を行うのにかかる時間が長かったら、結局は現代のコンピュータの方が計算所要時間が短くなるケースもあるのでは？」と思うかもしれません。その通りです。しかし、実はここで重要なのは計算回数と問題の規模の関係です。問題の規模とは、先ほどの例で言えば、セールスマンが周る都市の数や、素因数分解したい数の桁数のことです。**図2**のように、現代のコンピュータでも量子コンピュータでも、問題の規模が大きくなるほど必要な計算回数は当然増えていきます。しかし、量子コンピュータ特有の解き方を使うと、計

**図2** 通常のコンピュータと量子コンピュータの計算の比較

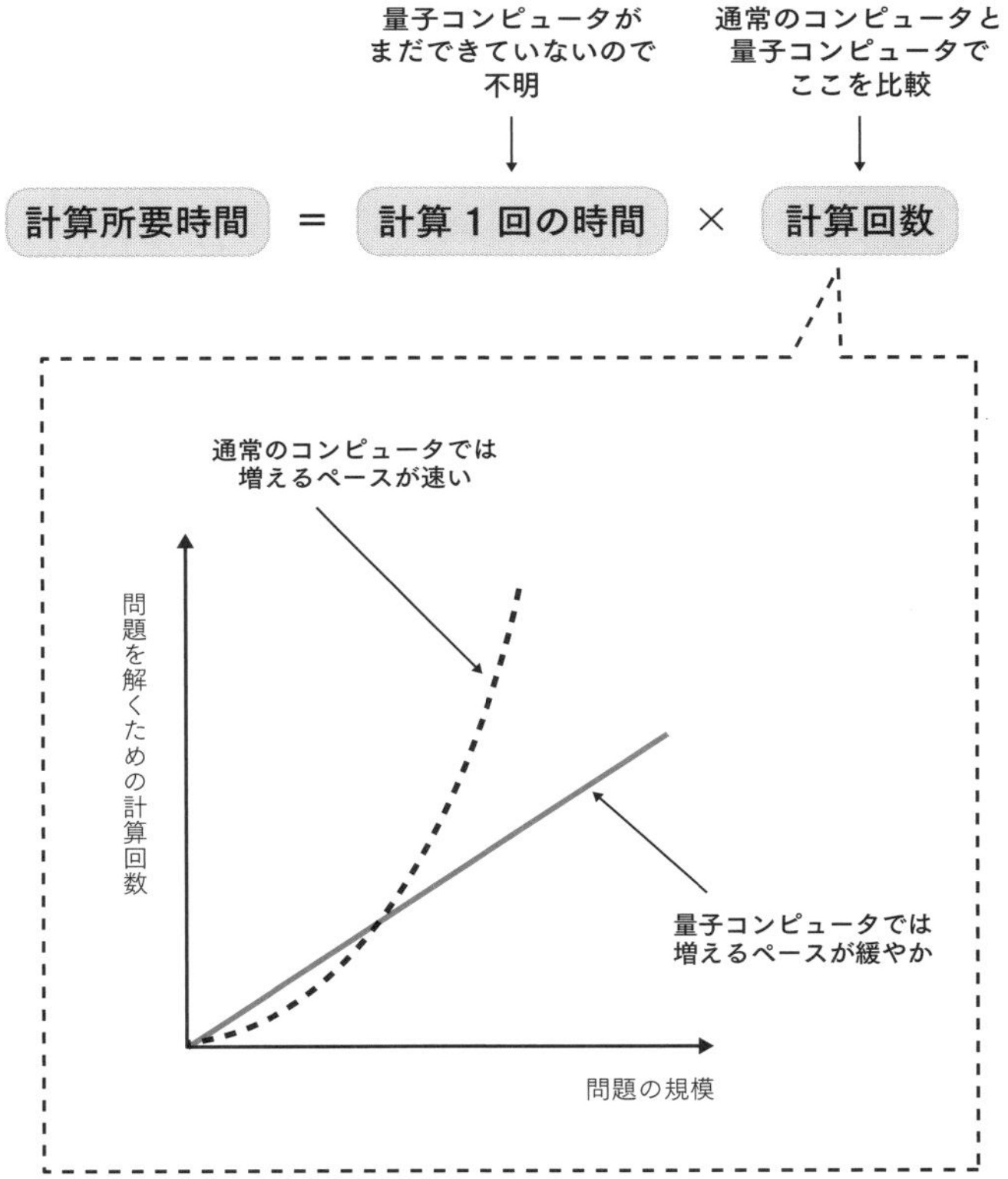

算回数の増え方のペースが緩やかになる場合があるのです。この場合、問題の規模が大きくなるほど、計算回数の差が大きくなって量子コンピュータが優位になります。この結果、量子コンピュータの計算1回の時間が現代のコンピュータより長かったとしても、問題の規模が一定以上になれば、量子コンピュータの方が計算所要時間が短くなるのです。

現代のコンピュータと量子コンピュータで、ある問題を解くときの速さを比べたいとしましょう。そのときは、一般的に問題の規模が大きくなるにつれてどのようなペースで計算回数が増えるかを比べます。例えば、ある問題の規模が $n$ のとき、現代のコンピュータで解くと計算回数が $2^n$ 回で、量子コンピュータで解くと $n^2$ 回だとしましょう。規模が増えるたびに、現代のコンピュータでは2倍ずつのペースで計算回数が増えますが、量子コンピュータでは増え方のペースはもっとゆっくりです。$n=10$ なら計算回数の違いは10倍程度ですが、$n=30$ なら100万倍にまで広がり、$n$ が大きくなるほど量子コンピュータの方が優位になるのです。このように、量子コンピュータが現代のコンピュータより何倍速いかは、問題の種類や規模によって変わることがわかるでしょう。ですから、そう簡単に「量子コンピュータはスーパーコンピュータより〇〇倍高速」なんて言えるものではありません。

## ◆どのような問題で量子コンピュータの計算が速くなるのか?

「量子コンピュータは難しい問題を解く救世主になるかもしれない」と期待したいところですが、1つ注意すべきことがあります。量子コンピュータはあらゆる問題を速く解けるわけではないということです。しかも、量子コンピュータでどのような問題なら計算回数を減らせるのか、その一般論すらあまりよくわかっていません。これまで、研究者たちが日々努力して量子コンピュータで速く解ける問題を偶然いくつか発見してきただけなのです。それ以外のほとんどの問題では、「量子」の性質の活かし方がわかっておらず、現代のコンピュータと量子コンピュータで計算回数は変わりません。そのような問題は、わざわざ量子コンピュータに解かせずに、現代のコンピュータに解かせれば十分でしょう。従って、量子コンピュータは、私たちが日常的に用いるというよりは、専門的で限られた用途のみに使われる、現在のスーパーコンピュータ的な立ち位置になるはずです。また、量子コンピュータをもってしても解くのが難しい問題は山ほどあります。量子コンピュータは、多くの皆さんが期待するほど万能なコンピュータではないのです。

そうは言っても、量子コンピュータで高速化できる計算の中には、様々な分野で非常に役に立つ計算がいくつも含まれています。実用レベルの量子コンピュータが実現すれば、世の中を大きく変える力を持つことは間違いありません。また、量子コンピュータを使った効率の良い問題の解き方について、現在も世界中で研究が進められ、日々新しい解法が見つかっています。まだ発見されていないだけで、有益な量子コンピュータの用途はもっとたくさんあるはずです。この本を読んでいる皆さんも、頑張って探せば発見できるかもしれませんよ。現在、量子コンピュータで高速化できる計算は、大まかに分類すると60種類程度見つかっています。インターネット上の"Quantum Algorithm Zoo"(量子アルゴリズム動物園)というホームページにそれらがまとめられていますので、ご興味のある方は検索してみてください。以下では、その中でも有名な「グローバーの解法」と「ミクロな化学の計算」に焦点を当て、なぜ量子コンピュータだと計算が速いのかを明らかにしようと思います。また、後半では他の例もいくつか簡単に紹介します。

## ◆高速化メカニズムの具体例1：グローバーの解法

量子コンピュータを使うと高速化する計算方法の1つに、「複数ある候補の中から、ある条件を満たすものだけを効率良く探し出す」というものがあります。この計算方法は、発案者の名前にちなんで「グローバーの解法」と呼ばれます。これは、1994年にショアが考案した素因数分解の解法と並んで、量子コンピュータを使った最も有名な解法の1つです。

具体的な問題設定を考えてみましょう。銀行のATMを思い浮かべてみてください。お金を引き出そうとすると、4桁の暗証番号を要求されます。あなたは、うっかりして暗証番号を忘れてしまったとしましょう。ランダムに1つのパターンの数字を入力して問い合わせると、ATMは当たりかハズレかを判定します（**図3上**）。数字の候補は「0000」から「9999」まで1万通りあります。1回目の問い合わせで運よく当たるケースもあれば、1万回目にようやく当たる場合もあります。平均すると、当たるまでに約5000回の問い合わせ手続きが必要になるでしょう。一般的には、数字が$N$通りあれば、平均問い合わせ回数は約$N$／2となります。残念ながら、通常のコンピュータにこの問題を解かせる場合、これ以上効率の良い方法はありません。5000回の問い合わせなんて、やっていられませんよね。どうしましょう？

実は、この問題を量子コンピュータを使ってグローバーの解法で解かせると、もっと効

## 図3 通常のコンピュータの解法とグローバーの解法の比較

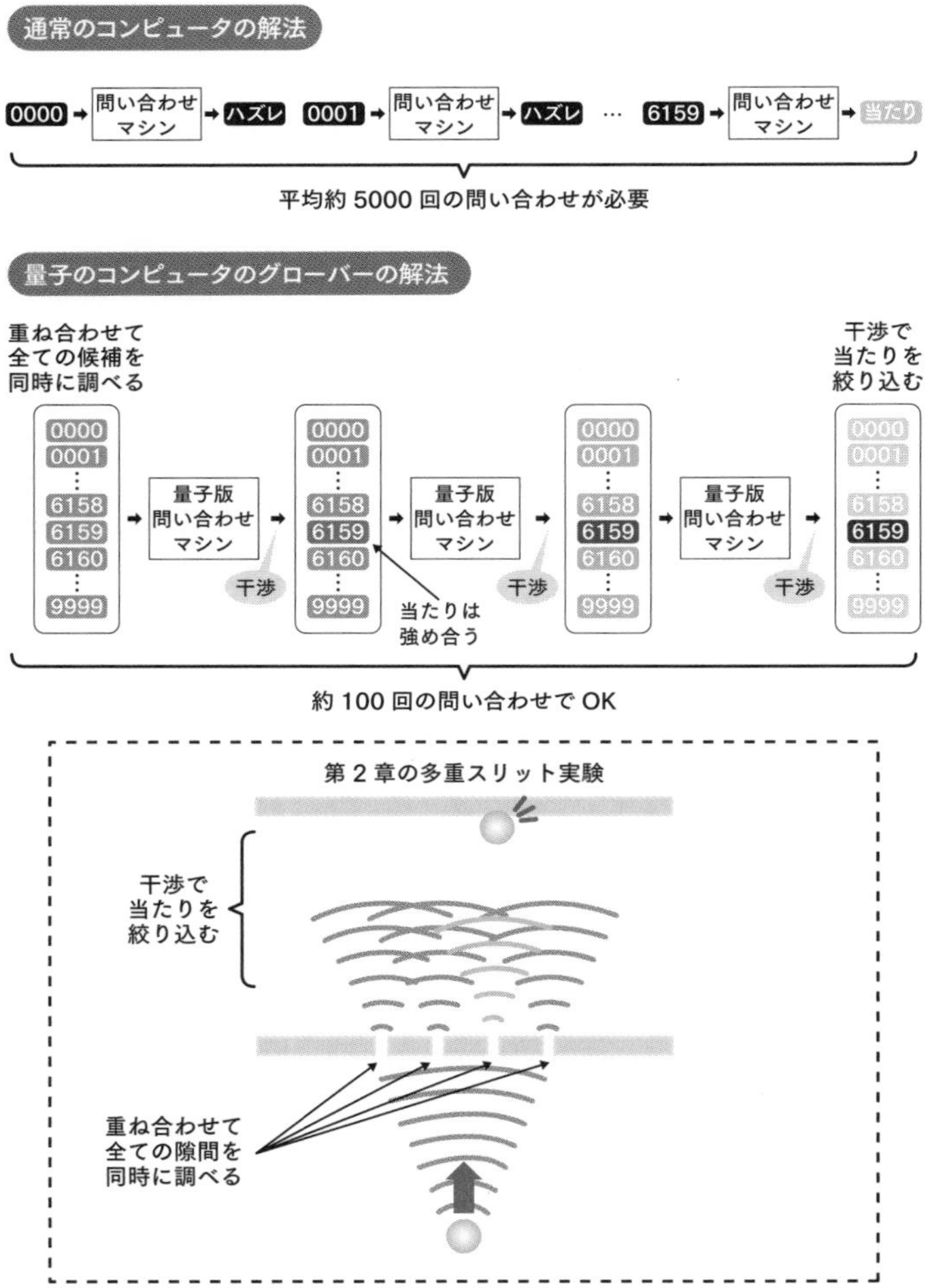

率良く正しい暗証番号を見つけ出すことができます。その場合に必要な問い合わせ回数は約$\sqrt{N}$回になります。4桁の暗証番号の場合は、数字の候補は$N = 10000$通りですから、平均問い合わせ回数は$\sqrt{N} = 100$回です。通常の方法では平均5000回問い合わせる必要があったので、その50分の1の手間で正解が見つけられるのです。100回くらいなら、頑張ってやってみようという気分になるでしょう。$N$が大きくなるほど、問い合わせ回数の差は大きくなり、量子コンピュータの方が断然お得ということになります。

この章で皆さんにお伝えしたいのは、グローバーの解法がどういうメカニズムで計算の手間を減らしているかという部分です。そのイメージを**図3中段**に示しました。第3章で説明したように、量子コンピュータでは量子ビットを使って複数のパターンの情報を重ね合わせて同時に表すことができます。そこで、「0000」から「9999」までの1万通りの全てのパターンを重ね合わせましょう。さらに、ATMという暗証番号の問い合わせマシンを量子版にバージョンアップしましょう。それは、ただ1パターンの数字だけを問い合わせられるこれまでのATMとは違って、複数パターンを重ね合わせながら問い合わせられる量子版問い合わせマシンです。このマシンは、第3章で扱った量子版NOTや量子版ANDなどの量子論理演算を使って処理をすることで、重ね合わされて入力された各パターンそれぞれが当たりかハズレかを並列に判定し、その結果を重ね合わせたまま出力できるわけです。

1万通りのパターンを重ね合わせて同時に問い合わせると、量子版問い合わせマシンは、その中の1通りは当たりだと答え、残りの9999通りはハズレだと判定します。しかし、1万通りのパターンはまだ重ね合わさっており、どのパターンが当たりかは区別できません。そこで、うまくこの1万通りのパターンを干渉させつつ、量子版問い合わせマシンに再度問い合わせするという作業を繰り返します（**図3中段**）。すると、重ね合わせが保たれたまま、当たりのパターンは強め合って可能性が大きくなり、ハズレのパターンは弱め合って可能性が小さくなっていきます。100回程度繰り返すと、最終的には正解のパターンだけが生き残って、最後に当たりの暗証番号だけを読み出すことができるのです。

実は、第2章で紹介した「多重スリット実験」は、このグローバーの解法の仕組みを大雑把に例えたものです。多重スリット実験（**図3下**）の話は、「複数の隙間の中に1個だけある当たりの隙間を見つける」という問題でした。このとき、1個の電子が波として全ての隙間を同時に通って当たりかどうか調べることができ、その後に波をうまく干渉させることによって当たりの隙間の位置を浮かび上がらせるという説明をしました。グローバーの解法でも同様に、「0000」から「9999」までの答えの候補を全て重ね合わせて同時に調べ、その後にうまく干渉させることで望んだ答えだけを浮かび上がらせるというテクニックで計算を高速化しているのです。

このグローバーの解法は、わからなくなった暗証番号を調べる以外にも、様々な問題を効率良く解くことができる適用範囲の広い計算手法です。例えば、ランダムな順番に並んでいる電話帳のリストの中からある人物のデータ1件を探したいとします。上から1個1個調べることもできますが、グローバーの解法を用いて全てのデータを同時に調べれば効率良く欲しいデータだけを探し出せるわけです。つまり、グローバーの解法はデータベース中での検索を効率化できるのです。もう少し数学チックな問題としては、方程式$f(x)=0$を解く場合にもこの解法が使えます。この場合、$x$が暗証番号の候補、$f(x)$が問い合わせマシンで、当たりの$x$を代入したときだけ$f(x)$の値がゼロとなると考えれば、先ほどまでの話と同じです。手当たり次第に$x$に数を代入して$f(x)$がゼロになるかどうかを調べる代わりに、グローバーの解法を用いて$x$のたくさんの候補を同時に調べればずっと効率良く計算できるのです。さらに、グローバーの解法を少し応用すると、前に出てきた巡回セールスマン問題のような組合せ最適化問題にも利用できます。グローバーの解法を繰り返し使って、膨大なパターンの中からより良いパターンを次々と探していき、最終的に最適なパターンをより速く探し出すことができるのです。このように、グローバーの解法は、手あたり次第に答えを見つけるしかないようなタイプの問題に対して、現代のコンピュータよりも効率良く答えを見つけ出してくれる、強力な解法なのです。

## ◆グローバーの解法の具体的な計算手順

グローバーの解法で、重ね合わせと干渉を使って計算をするイメージがなんとなくできたところで、もう一歩踏み込んでみます。第3章で、量子コンピュータは波を操って問題を解く装置だというイメージをお話しました。グローバーの解法の場合に、実際に波をどうやって操っているかを覗いてみましょう。

話を簡単にするため、暗証番号は3つのビットで表される「000」〜「111」の8パターンのどれか1つで、正解は「101」だとしましょう。通常のATMのような問い合わせマシンは、1パターンを入力して問い合わせると「当たり」か「ハズレ」かを出力するだけです。一方、量子版問い合わせマシンは、全パターンを重ね合わせて入力すること

**図4** グローバーの解法の計算メカニズムの詳細

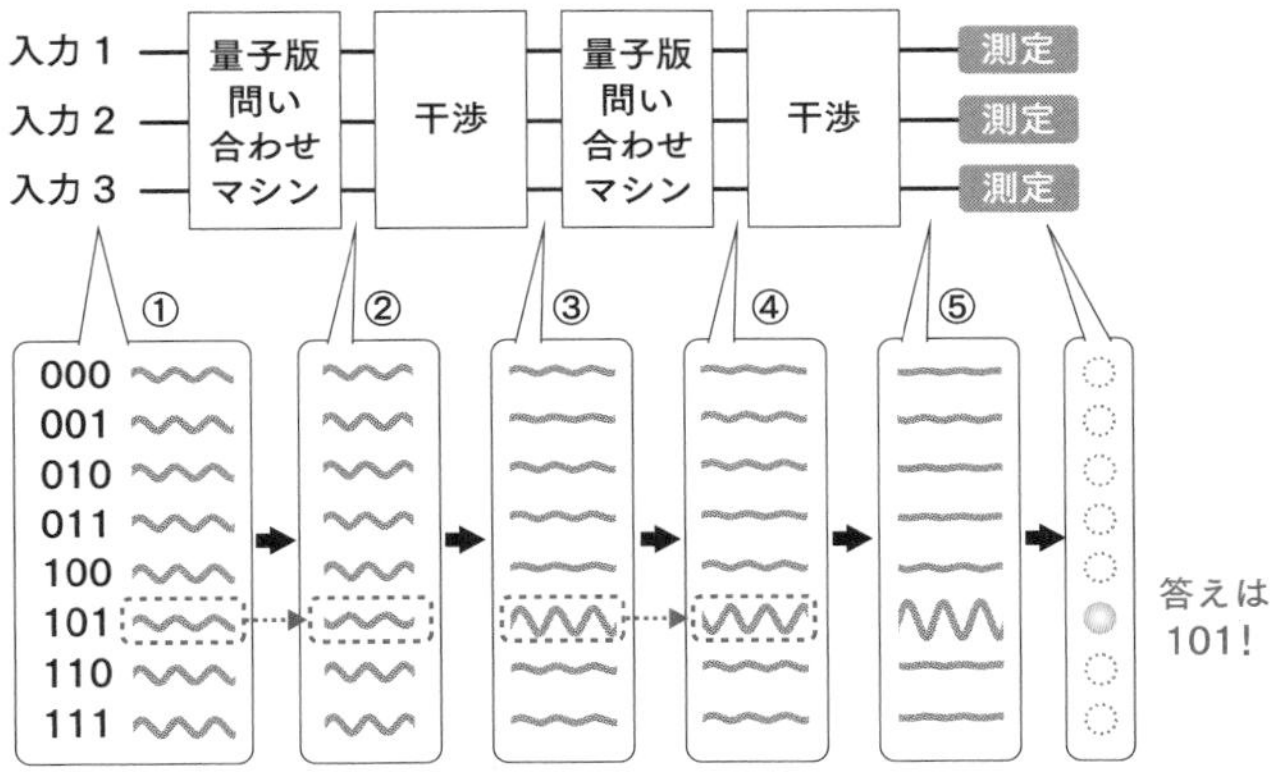


ができ、各パターンがそれぞれ「当たり」か「ハズレ」かを同時に判定します。

　この量子版問い合わせマシンに全パターンを同時に問い合わせてみましょう。初めに**図4**①のように、「000」〜「111」までの8パターンの波を、全て同じ波の大きさ・同じ振動のタイミングで重ね合わせておきます。この情報を量子版問い合わせマシンに入力すると、このマシンは当たりの「101」の波だけ山と谷をひっくり返し、**図4**②のように変えて出力します。これは、元々重ね合わされた各パターンの情報は全て保ったまま、「101」を表す波にだけ「当たり」という情報を付け加えているのです。量子版問い合わせマシンがこのような動作をする理由は、第3章のコラム2の説明と関係しています。量子コンピュータの計算処理では途中で情報が失われないという性質があるので、入力された「000」～「111」の情報を全て保ったまま当たりの情報を付加して出力するには、このような動作にならざるをえないのです。

**図4**②で「101」の波だけ他と違う波になりました。しかし、この時点で測って調べても、私たちはまだどれが「当たり」かは判別できません。というのも、測定によって「当たり」のパターンを探し当てるには、「当たり」の波の大きさを他の波よりも大きくして、そのパターンが選ばれる確率を高める必要があるからです。今のままでは、「当たり」の波だけ山と谷がひっくり返っているのは確かですが、波の大きさ自体は他のパターンの波と同じままです。そこで、次に波同士を干渉させる操作を行います。8パターンの波をうまく干渉させると、当たりの波だけ山と谷のタイミングが異なるので、干渉の具合が変わるのです。これによって、**図4**③のように、当たりの波だけを強め合って大きくし、他の波は弱め合って小さくすることができます。この干渉を行って初めて、どの波の山と谷が反転したのかが測定で区別できるようになるのです。

**図4**③の段階では、まだ「ハズレ」の波が生き残っています。そこで、同じ操作をもう

1度繰り返しましょう。**図4**③の重ね合わせの情報を、もう1度量子版問い合わせマシンに入力するのです。再び、「101」のパターンの波だけ山と谷がひっくり返って**図4**④のようになります。さらに、前と同じ要領で8パターンの波をうまく干渉させると**図4**⑤のようになります。ほぼ、当たりの「101」のパターンの波だけが残っていることがわかります。最後に量子ビットを測れば、100%に近い確率で当たりの答えである「101」が得られることになります。

この例では、量子版問い合わせマシンに2回問い合わせるだけで答えを見つけられることがわかりました。一方で、8パターンを一つひとつ調べようとすると、平均4回強は問い合わせることになります。つまり、正解を見つけるのに必要な手間が半分くらいに減ったのです。一般に、$N$パターンの中から正解を見つけ出す場合、グローバーの解法では約$\sqrt{N}$回問い合わせると、ほぼ確実に正しい答えが得られます。

以上からわかる通り、グローバーの解法が通常のコンピュータの解法よりも速くなる秘訣は、量子の波の性質をうまく使いこなしていることです。波の性質を使って複数のパターンを並列に計算し、波と波をうまく干渉させて正しいパターンだけに絞り込んでいくのです。これは、「波を操って問題を解く」量子コンピュータだからこそできる芸当で、現代のコンピュータには簡単には真似できません。この仕組みこそが、量子コンピュータによる計算の高速化の核心となる部分なのです。

## ◆高速化メカニズムの具体例2：ミクロな化学の計算

次に、がらりと視点を変えて、量子コンピュータで計算が速くなる全く別の例を紹介します。それは、ミクロな世界の化学の計算です。これは、量子コンピュータの最も重要な応用分野の1つと考えられています。実際に、化学メーカーや製薬会社など、化学の計算を使う多くの企業が量子コンピュータに熱い視線を送っています。

私たちは、中学や高校の化学で、世の中のあらゆる物質が原子から形作られていることを習いました。化学の研究者は、どのような種類の原子をどのように組合せれば、世の中の役に立つ物質が作れるのかと日々研究しています（**図5**）。このような研究では、化学の高度な計算が必要になります。ここで言う化学の計算とは、物質の中の電子の振る舞いを正確に計算するというものです。実は、物質の持つ多くの性質は、物質中の電子が決めています。物質中の電子の振る舞いがわかれば、その物質の色や形から、化学反応の起こり

**図5** 化学計算を使った物質の開発

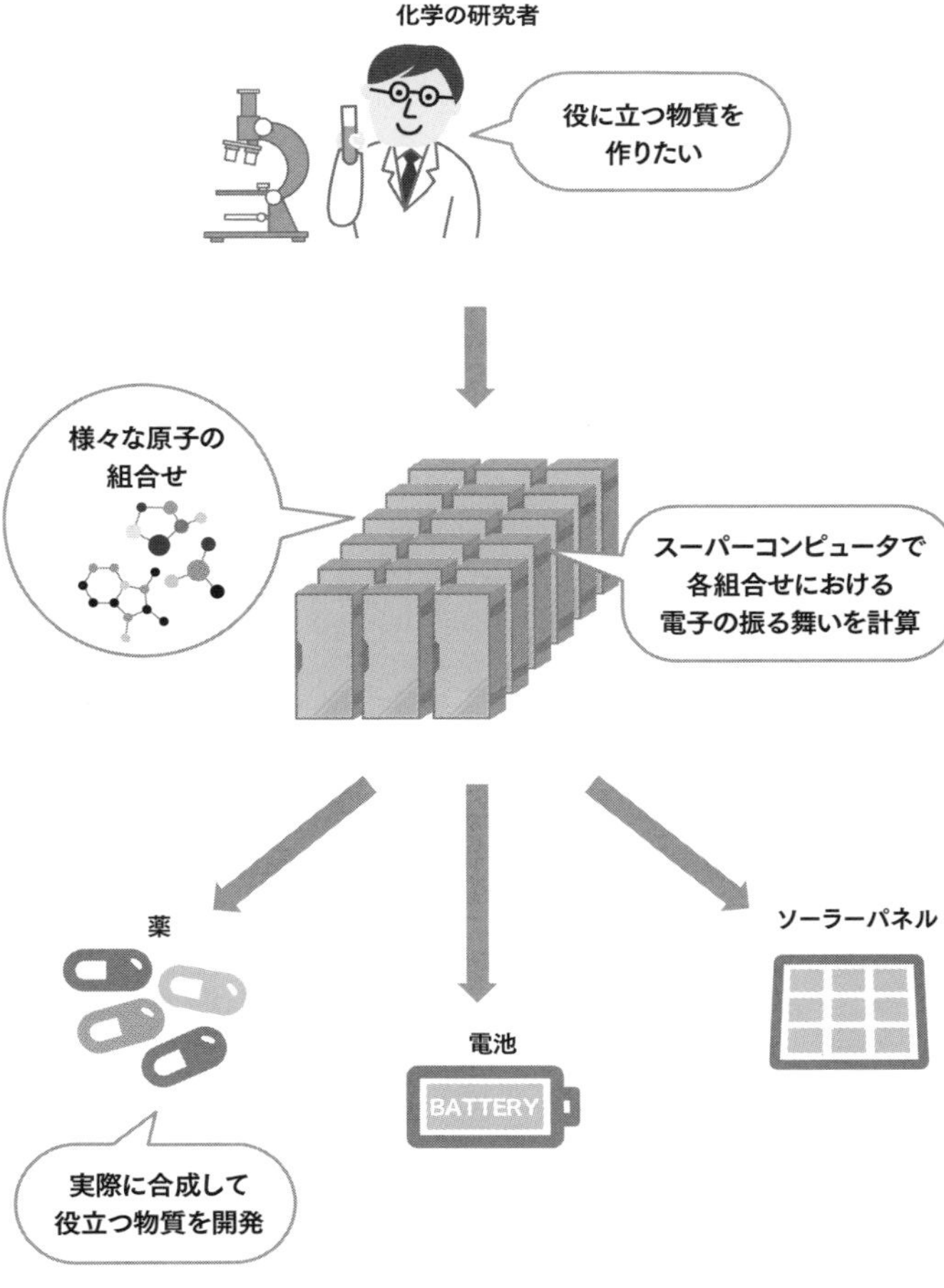

方まで予想することができるのです。そこで、コンピュータに電子の振る舞いを計算させ、様々な原子の組合せの下で物質がどのような性質を持つか予想させましょう。これができれば、例えばソーラーパネルや電池の優れた材料やよく効く薬など、世の中に役立つ新しい物質を発見できるかもしれません。実際に、研究所などにある現代のスーパーコンピュータはこのような化学の計算に頻繁に利用されています。

しかし、実はこの電子の振る舞いの計算はかなり厄介です。電子は量子力学に従っているので、電子の振る舞いを解き明かすには量子力学のルールに基づいて計算する必要があるからです。そうなると、複雑な物質になるほど計算量が爆発的に増え、現代のスーパーコンピュータでも歯が立たないのです。1982年に、ファインマンは「量子力学に従う自然を効率良くシミュレーションしたければ、量子力学のルールに従って動作するコンピュータを作る必要がある」と考え、量子コンピュータの必要性を訴えました。このファインマンの考え方は正しく、量子力学に従う電子の振る舞いの計算は、同じ量子力学に従う量子コンピュータを使えば、ずっと効率良く計算できるのです。

なぜ、量子の世界の計算は量子コンピュータの方が有利なのでしょうか？　ざっくりとした説明はこうです。例えば、太陽の周りをまわっている地球の運動は、高校の力学で習う「ニュートンの運動方程式」というルールに従っています（**図6上**）。この方程式は、はじめにある1か所に存在する物質が、時間が経つとどのように動いていくかを決めるルールです。このような運動の計算は、現在のコンピュータでも比較的簡単です。これに対して、原子や分子の中で、陽子や中性子の周りを回っている電子の運動は、「ニュートンの運動方程式」では説明できません。電子は1点にあるわけではなく、波として空間に広がった重ね合わせ状態になっています。この波の振る舞いは、「シュレーディンガー方程式」という量子力学のルールで決まるのです（**図6下**）。シュレーディンガー方程式は、電子の重ね合わせの様子が、時間が経つとどのように変化していくかを決めるルールです。その振る舞いを、重ね合わせを知らない現代のコンピュータに無理やり計算させようとすると、かなり回りくどいことをしなくてはなりません。例えるなら、3を100回足す計算を、まだ掛け算を習っていない小学生に解かせるようなもの。掛け算を知っていれば3×100で一瞬で答えがわかりますが、掛け算を習っていなければ地道に100回足し算をするしかありません。同じように、重ね合わせを知らない現代のコンピュータに重ね合わせになった電子の振る舞いを計算させるのは大変効率が悪く、とても時間がかかります。

一方で、量子コンピュータはそもそも情報を重ね合わせで表現し、重ね合わせ具合を変

**図6** 日常的な世界と量子の世界の振る舞いを計算する方程式

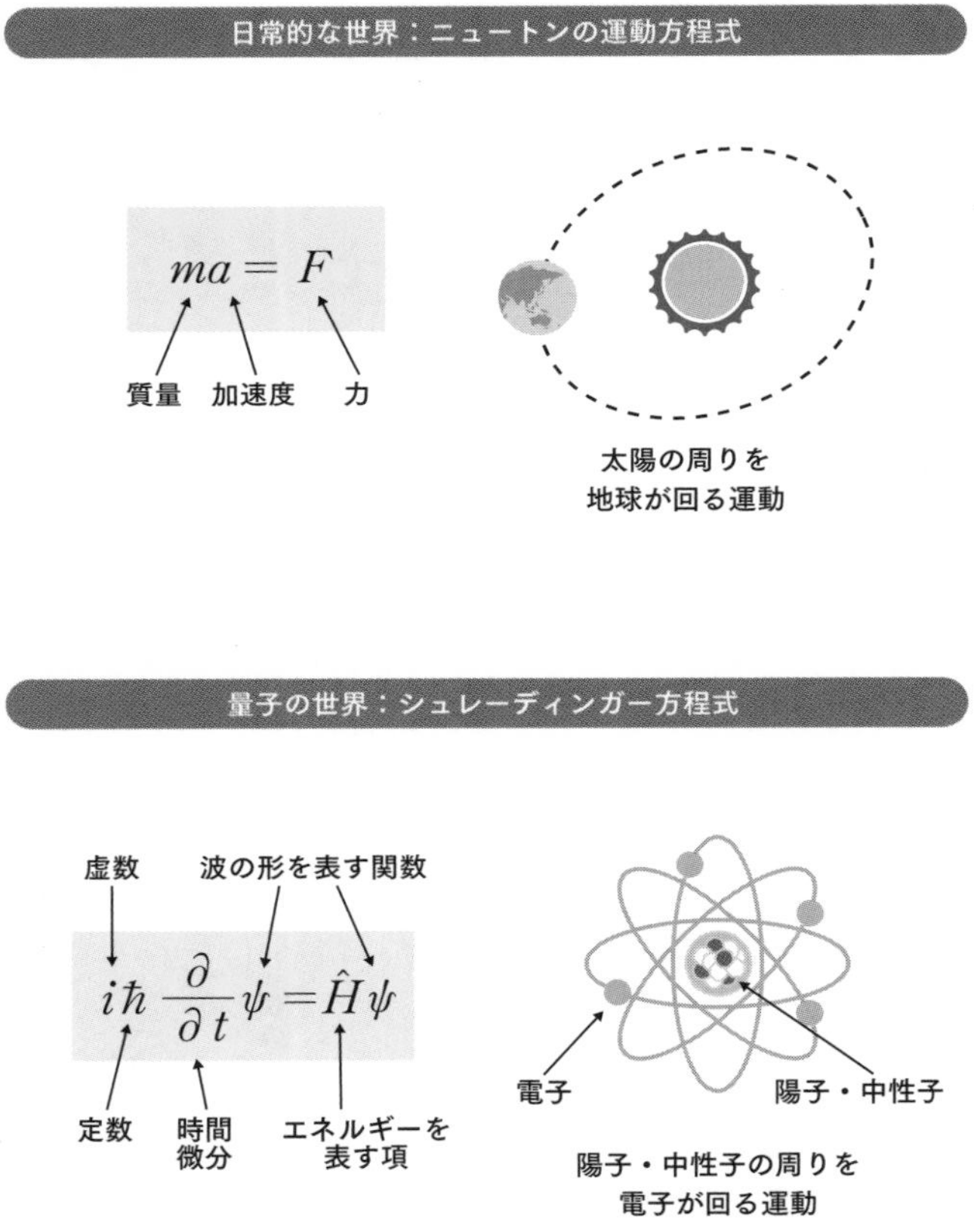

化させながら計算する装置なので、そのような計算にはもってこいです。物質の中の電子の重ね合わせの様子は、量子ビットの重ね合わせの様子に置き換えて簡単に表すことができます。また、シュレーディンガー方程式に従う電子の振る舞いは、量子論理演算を使って量子ビットに真似させることができます。従って、化学の計算で物質中の電子の振る舞いを計算するには、量子力学のルールを自然に表現できる量子コンピュータが向いているのです。これが、量子コンピュータが化学の計算を得意としている理由です。

## ◆化学計算の具体的な計算手順

それでは、物質中の電子の振る舞いを計算するとは、具体的には何をどう計算するという意味なのでしょう？　分子の計算を例にとって説明しましょう。分子や原子の中の電子の振る舞いは、「軌道」という概念を使って理解できます。例えば原子1個の場合、高校では中心にある陽子・中性子の周りに、電子がぐるぐると回る通り道（軌道）が何種類かあって、その通り道のどこかに電子が入ると教わります（**図7左**）。1つの軌道に入ることのできる電子の個数は決まっています。軌道は見方を変えると電子の入る部屋のようなものです。電子が1個だけ入れる部屋がたくさんあって、複数ある電子がどの部屋に入るかが原子の性質を決める重要な要素になるのです。電子がたくさんあると、それらはエネルギーが低い軌道から順に入っていくことになります。これは、エレベーターがないマンションを想像してみると良いでしょう（**図7右**）。わざわざ階段を使って上の階まで登るのはエネルギーを消費しますよね。エネルギーという観点から言えば、新しい入居者は空き部屋の中でできるだけ低い階の部屋を選ぶのが自然です。101号室、102号室と順に部屋が埋まっていき、1階が埋まると次の人は仕方なく2階を、2階も埋まると3階の部屋を選びます。電子も同じように、できるだけ低いエネルギーの軌道から順に入っていくことになります。

原子がいくつか組合さって分子になったときも、同じように分子の軌道ができて、そのどこに電子が入るかが分子の性質を決める重要な要素です。しかし、分子を構成する原子や電子の数が増えると、状況は一気に複雑になっていきます。$M$個の部屋に$N$個の電子が入ると考えれば、その組合せは$M$と$N$が増えると爆発的に多くなるからです（${}_{M}\mathrm{C}_{N}$通り）。さらに、電子は量子力学に従うため、1個の電子が、ある軌道に入った状態と別の軌道に入った状態の重ね合わせにもなるのです。電子は、シュレーディンガー方程式という量子力

**図7 電子が軌道に入る様子**

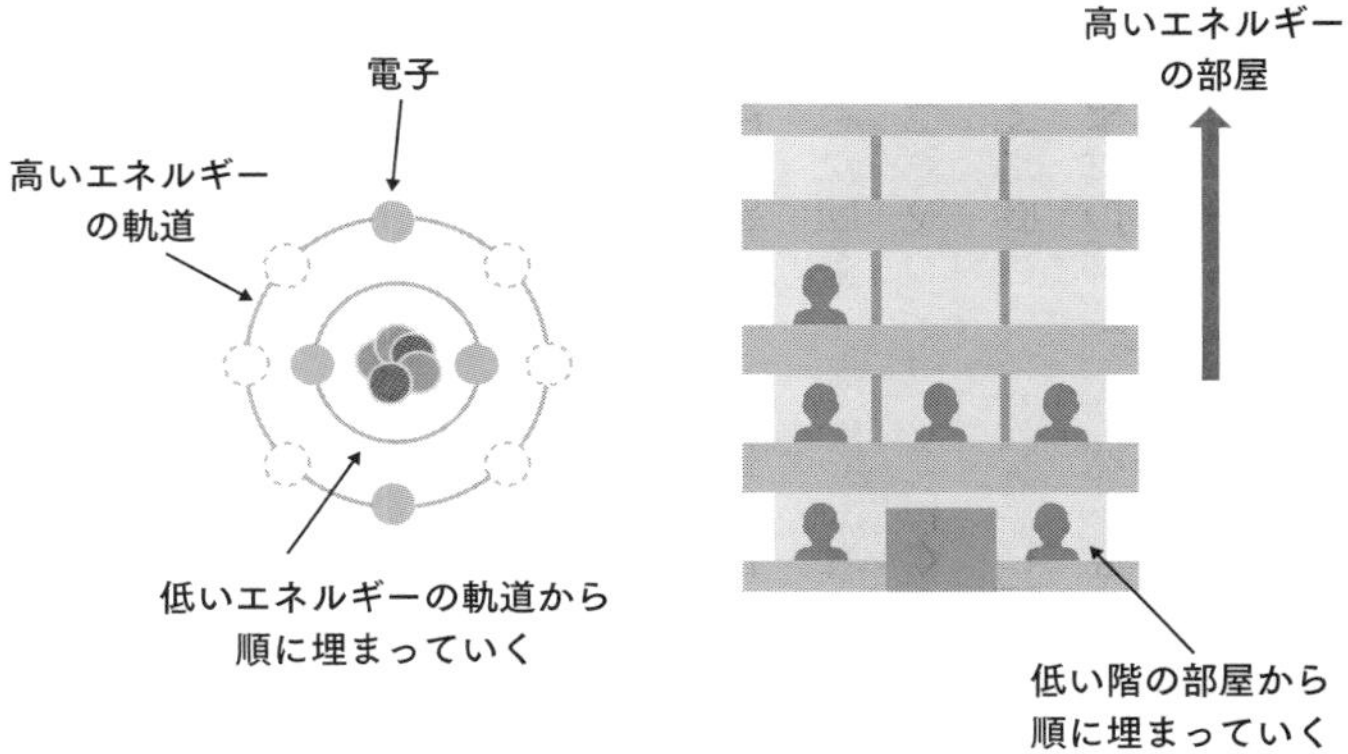


学のルールに従って、最もエネルギーが小さくなるように軌道に入ります。それでは、電子はどの軌道にどのような具合で入るのでしょう? 分子の性質を解き明かすには、コンピュータでこのような問題を解かなくてはなりません。

しかし、実際には現代のコンピュータでこれを計算するのは困難です。まず、電子の軌道への入り具合を表すのが大変です。電子の軌道への入り方は膨大な数のパターンがあり、かつそれらのパターンが重ね合わさっています。複数のパターンが重ね合わさるとき、その重ね合わせ具合は各パターンに相当する波の大きさの比と振動のタイミングの差で表されたことを思い出しましょう。この情報を重ね合わせを知らない現代のコンピュータで表す場合、膨大な数のパターンそれぞれの波の大きさと振動のタイミングを全て事細かに記録するしかありません。さらに、シュレーディンガー方程式の下での電子の振る舞いを計算するには、この重ね合わせ具合の情報がどのように変化するかを計算する必要があり、電子や軌道の数が増えると計算の手間は爆発的に増加します。このため、量子の世界の電子の振る舞いを、現代のコンピュータに真似させるというのは、ほとんど不可能に近いのです。非常に小さくシンプルな分子ならまだしも、複雑な分子ではスーパーコンピュータを使っても計算が困難です。真っ向勝負では計算できないので、影響の小さい部分の計算は無視してできるだけ計算を簡略化することで、近い答えを予想するだけで精一杯というのが現状です。

そこで、量子コンピュータの出番です。量子コンピュータは量子ビットで重ね合わせの情報を直接表現できるので、電子の軌道への入り方を表すには圧倒的に有利です。例えば、軌道1個と量子ビット1個を対応させ、その軌道に電子が入っていれば「1」、入っていなければ「0」と表すことにします。今、**図8**のように軌道が3個あり、それに対応する3個の量子ビットがあるとしましょう。例えば3個の量子ビットが「101」なら、1番目と3番目の軌道に電子が入っていて、2番目の軌道には電子が入っていない状況が表せま

## 図8 化学計算を量子コンピュータで行う仕組み

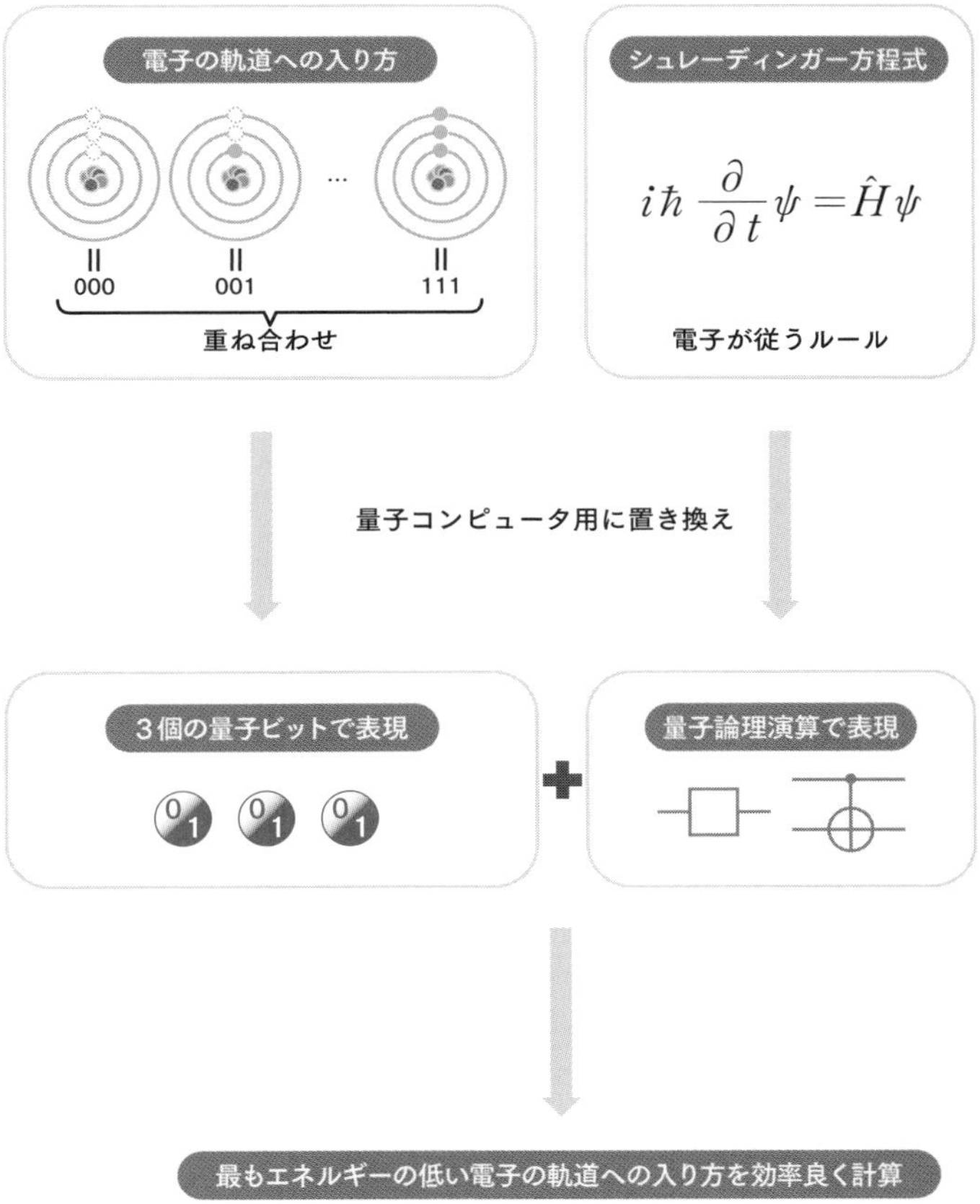

す。量子ビットは重ね合わせを表現できるので、「000」から「111」まであらゆるパターンの電子の入り方を重ね合わせ、電子の軌道への入り具合を表現できます。

電子の軌道の中での様子を量子ビットの様子に置き換えられたので、次に電子が従うルールを量子ビットが従うルールとして置き換えます。電子が従うのはシュレーディンガー方程式ですから、これを量子論理演算という道具を使って量子ビット用に書き直してあげれば良いのです。このような置き換えをすることで、電子の振る舞いを、量子コンピュータの中でそっくりそのまま再現できるようになります。これによって、最もエネルギーが低くなる電子の軌道への入り方を量子コンピュータで効率良く探す解法が見つかっています（**図8**）。

量子コンピュータを使って、電子の軌道への入り方や、そのときのエネルギーが計算できると、その分子の性質がよくわかります。分子の性質とは、例えばその分子がどのような形をしているか、別の原子や分子とぶつかったときにどのような化学反応を起こすのか、光を当てるとどのような応答を示すかといったことです。計算によって分子の性質がわかるようになれば、新しい機能を持った分子や材料を設計することができます。例えば、病気の原因となる分子とぶつかるとその働きを抑えてくれるような薬の分子を見つけられるかもしれません。電気自動車に乗せられるような軽くて高性能な電池など、世の中をもっと便利にする素材が設計できるかもしれません。さらには、太陽の光を効率良く吸収してエネルギーに変えるソーラーパネル用の材料を開発して、地球のエネルギー問題を解決できるかもしれません。このように、量子コンピュータを使って化学の計算が効率良くできれば、世の中は今よりずっと豊かになるでしょう。こういった理由から、この種の化学計算は量子コンピュータの最も重要な応用分野の1つだと考えられているのです。

## ◆量子コンピュータで高速化する計算は他にも色々ある

ここまで、量子コンピュータでなぜ計算が速くなるかを、グローバーの解法と化学計算という2つの例で説明してきました。この2つは、仕組みは違いますが、いずれも量子の性質をうまく活かして計算を高速化していることがわかりました。

量子コンピュータで計算が速くなる例は他にも色々あります。最も有名なのは、第1章でも紹介した素因数分解を高速に行う解法でしょう。これは、1994年にショアが考案した解法です。素因数分解は、15 = 3 × 5 のように整数を素数の掛け算の形に分解する計算です。この計算は、数字の桁数が増えると劇的に難しくなります。数百桁の数の素因数分解は、現代のスーパーコンピュータでも現実的な時間では解けません。しかし、量子コンピュータの場合は、量子コンピュータ特有のショアの解法を利用することで、ずっと効率的に計算することができます。第1章でもお話しした通り、もし量子コンピュータで素因数分解が高速に解けてしまうと、現在のインターネットでの安全な通信を可能にしているRSA暗号が簡単に破られてしまうのです。

このショアの解法について、計算の高速化のポイントだけをざっくりと説明すると、次のようになります。素因数分解は、現代のコンピュータでも、何ステップかの計算手順に分割して解けることが知られています。この中で最も難しいステップは、例えば7、4、1、3、7、4、1、3、…のような繰り返しのある数字の列があるとき、その繰り返し周期を求めるという計算です。実は、桁数の大きな数の素因数分解の場合、この周期を探す計算の手間が大きく、現代のコンピュータでは膨大な時間がかかってしまうのです。一方、量子コンピュータではこの部分の計算が高速に行えます。まず、その数字の列の情報を量子ビットの重ね合わせの情報の中にうまく埋め込みます。次に、それらをうまく干渉させることで、周期に関する情報を浮かび上がらせるのです。このように周期を高速に見つける方法は「量子フーリエ変換」と呼ばれます。この方法は、素因数分解以外の様々な量子コンピュータの計算においても活用されています。この手法により、素因数分解で最も難しい計算ステップが高速にできるようになり、素因数分解の計算が劇的に早くなるのです。

量子コンピュータは、他にも、連立一次方程式を解く計算を高速化できるということもわかっています。連立一次方程式とは、例えば$x$、$y$、$z$の足し算や引き算からなる関係式がいくつか与えられて、$x$、$y$、$z$の値を計算しなさいというものです（図9）。求める文字が3つくらいなら、人間でも簡単に計算できます。しかし、文字が増えていくと、計算量はどんどん大きくなっていき、現代のコンピュータでも難しくなります。一方で、量子コンピュータではより効率良くこの計算ができる場合があることがわかっています。そもそも、第3章でお話ししたように、量子コンピュータはたくさんの波同士をうまく足したり引いたりしながら計算を行っています。たくさんの波を足し引きしているという操作は、実は連立一次方程式でたくさんの値を足し引きしているのと同じです。つまり、量子コンピュータの計算は、連立一次方程式を解く計算と大変相性が良いのです。連立一次方程式を解くという計算は、実はあらゆる科学技術の土台になっています。コンピュータシミュレーションやロボットの制御、機械学習やデータ分析、画像処理など、ありとあらゆ

## 図9 量子コンピュータが得意な問題の具体例

| | 例１：グローバーの解法 | 例２：ミクロな化学計算の解法 |
|---|---|---|
| 問題のイメージ | ？ ➡ 問い合わせマシン ➡ 当たり or ハズレ | 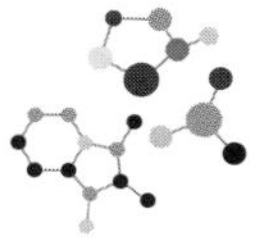 電子の振る舞い？ |
| 計算高速化のポイント | 重ね合わせて並列処理<br>＋干渉で絞り込み | 量子コンピュータは<br>電子が従う量子力学の<br>ルールを自然に表現できる |
| 応用分野の例 | データベース検索・<br>組合せ最適化問題 | 機能性材料や薬の開発 |

| | 例３：ショアの解法 | 例４：連立一次方程式の解法 |
|---|---|---|
| 問題のイメージ | 素因数分解<br>34579＝ ？ × ？ | $\begin{cases} 3x+2y-z=2 \\ -x+y+2z=6 \\ 2x-4y-3z=-5 \end{cases}$<br>$(x,\ y,\ z)=(?,\ ?,\ ?)$ |
| 計算高速化のポイント | 重ね合わせと干渉を使った<br>量子フーリエ変換で<br>周期を高速に見つける | 数の足し引きを<br>波の足し引きに<br>置き換えて計算させる |
| 応用分野の例 | 暗号解読 | シミュレーション・制御・<br>機械学習・データ分析・<br>画像処理 |

る分野で大規模な連立一次方程式を解くことが要求されるのです。もし、量子コンピュータを使ってこれを高速に計算できれば、身の回りのありとあらゆるものの性能が向上するに違いありません。

このように見ていくと、この章の冒頭で提起した「量子コンピュータはなぜ現代のコンピュータよりも計算が速いか？」という疑問の答えは、どうやら一言で述べることは難しそうです。問題によって、高速化のコツが少しずつ違うからです。しかし、共通して言えることは、どれも量子の波としての性質を使って問題を解き、重ね合わせと干渉を両方とも使いこなしているということです。このように、「波を操って問題を解く」という量子コンピュータならではの解き方をしていることが、高速化の本質的な部分であると言えます。

ここまで、量子コンピュータで高速化できる計算を色々と紹介してきました。しかし、これらの計算を行って実用上役に立つ問題を解くには、百万から1億個以上の量子ビットを高い精度で操作する必要があると見積もられています。第5章でもお話ししますが、現代の量子コンピュータは量子ビット数が100個にも届いておらず、計算のエラーも大きい状況です。つまり、実用上役に立つレベルの量子コンピュータと、現状の量子コンピュータの間には大きな開きがあるのです。このまま量子コンピュータが当面は社会の役に立た

**図10** 量子コンピュータと通常のコンピュータの連携プレーで問題を解く方法

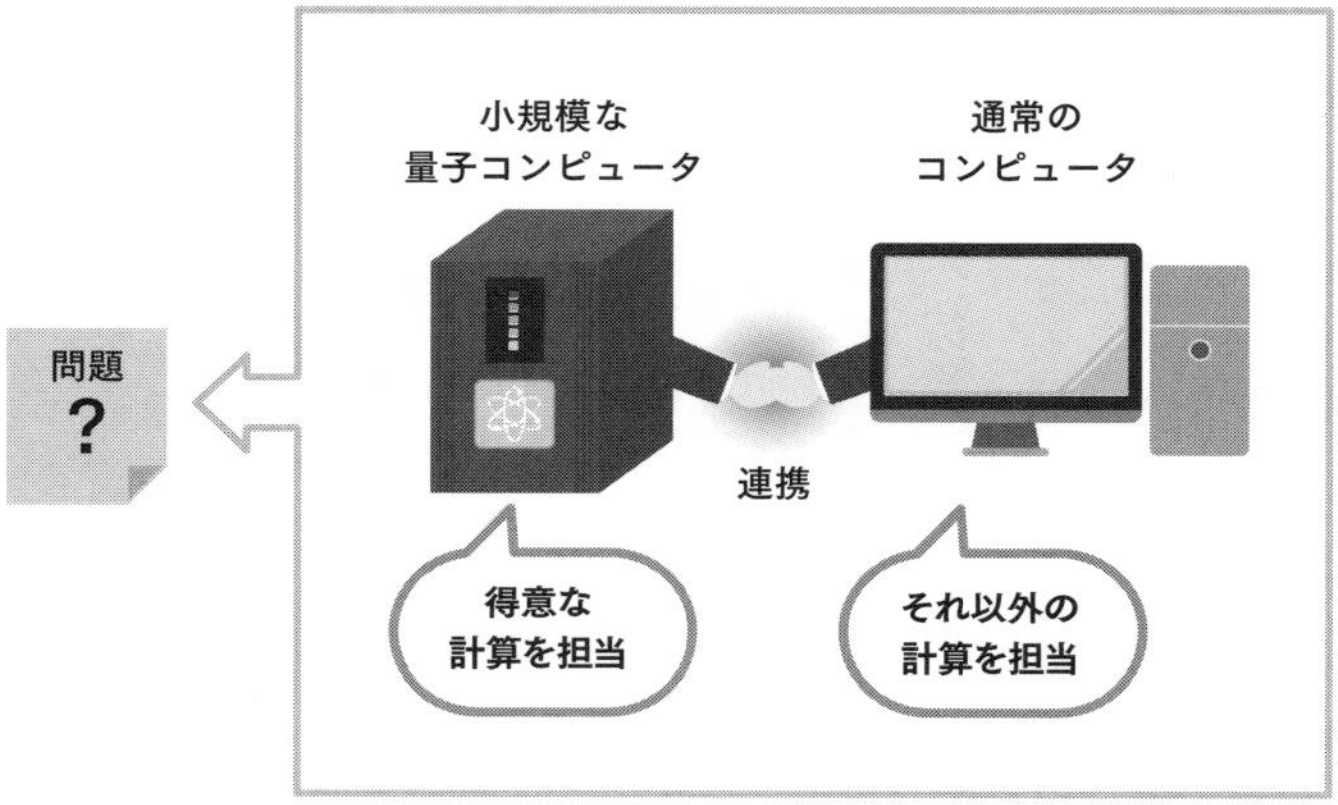


ないという状況が続くと、莫大なコストがかかる量子コンピュータ開発を継続していくことも難しくなります。そこで、このギャップを埋めるため、量子コンピュータの研究者は、できるだけ効率が良く、少ない量子ビットで計算ができる解法はないのか、日々、計算方法の改良を重ねています。また、近年は小規模な量子コンピュータを賢く利用するための計算手法の開発も進められています。例えば、小規模な量子コンピュータと通常のコンピュータの連携プレーで化学の計算や最適化問題を解かせるという計算手法が最近提案されました（**図10**）。考え方としては、「量子コンピュータはまだ小さすぎて全ての計算を任せるには負担が

大きすぎる、そこで量子コンピュータには量子の力でしかできない計算をさせ、それ以外の計算は通常のコンピュータに実行させるという役割分担をさせよう」ということです。このような工夫によって、近い将来に実現できる比較的規模の小さな量子コンピュータでも、世の中の実用的な問題を解くのに役立てる方法が見つかるかもしれません。

## コラム 量子超越性とは？

2019年10月、ビッグニュースが量子コンピュータ業界を賑わせました。特定の計算において量子コンピュータが既存のコンピュータを超える「量子超越性」を、Googleが世界で初めて実証したと発表したのです。Googleの研究チームは、「最先端のスーパーコンピュータを使っても解くのに1万年かかる問題を、自社製の53量子ビットの量子コンピュータは200秒で解いた」と報告しています。どうやったら、たった53量子ビットの量子コンピュータがスーパーコンピュータに勝てるのでしょうか？ 量子コンピュータが現代のコンピュータよりも高速に解ける問題として、データベース検索、化学計算、素因数分解などをすでに紹介してきました。しかし、現状の量子コンピュータは規模が小さすぎるので、これらの計算も極めて小規模なものしかできず、スーパーコンピュータに差をつけることはできません。

量子コンピュータが行っている計算の仕組みを改めて考え直してみると、小規模な量子コンピュータがスーパーコンピュータに勝つためのヒントが見えてきます。量子コンピュータが現代のコンピュータと異なるのは、重ね合わせや干渉を使って多数のパターンを同時に計算できることでした。たとえば、53個の量子ビットを搭載した量子コンピュータがあるとしましょう。この量子コンピュータは$2^{53}$通り、つまり約1京（$10^{16}$）通りのパターンを重ね合わせて、その重ね合わせ具合を変化させながら計算をしています。もし、この量子コンピュータの計算を、現代のコンピュータに無理やり真似させるとするとどうなるでしょうか。現代のコンピュータは、重ね合わせ具合を表す1京個の波の大きさと振動のタイミングの情報を全て記録しながら、それらがどのように変化するかを

**図11 量子超越性の意味**

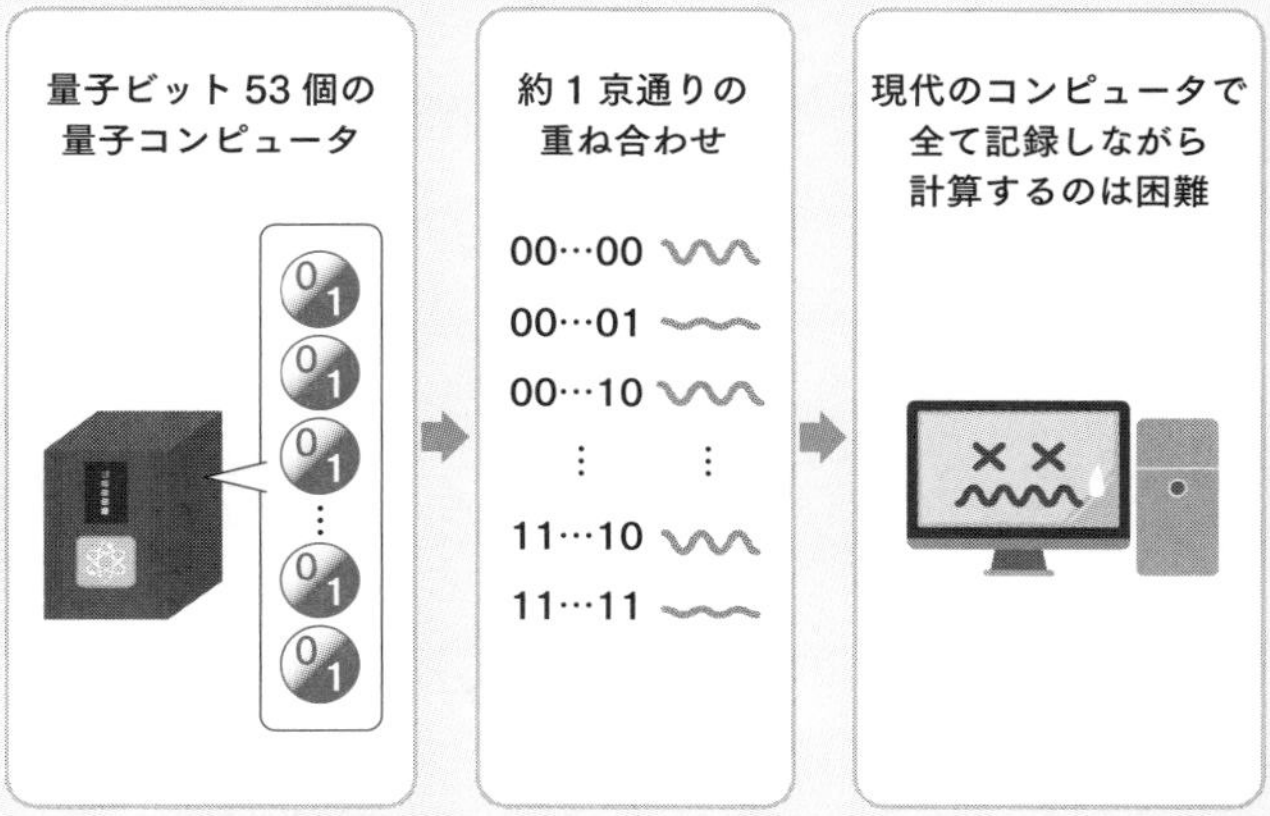


逐一計算しなくてはならないのです（図11）。1京個となると、情報を蓄えておくメモリの容量の観点からも、計算の手間の観点からも、最先端のスーパーコンピュータでもその振る舞いを真似するのは難しくなります。そこで、量子コンピュータに何か計算をさせて、それをそっくりそのままスーパーコンピュータに真似させるような、量子コンピュータにとって有利な特別な問題をわざと作るのです。このような問題で勝負させれば、50量子ビット程度の量子コンピュータがスーパーコンピュータに勝てる可能性が出てきます。これが、量子超越性という言葉の意味合いです。

実際にGoogleが行ったのは、53量子ビットの量子コンピュータにランダムな計算をさせて結果を出力するというものでした。スーパーコンピュータで同じ結果のパターンを得るには、量子コンピュータの計算をそっくりそのまま真似するしかないため、相当な時間がかかるのです。Googleの実証実験で行われた計算は、何か実用的に価値のある計算ではありません。従って、量子超越性が実現できたからといって、量子コンピュータが私たちの生活に役立つようになるわけではないのです。量子コンピュータが社会に役立つようになるのは、まだまだ先の話です。しかし、量子超越性を実現することは、「量子の性質を使えば計算が速くなる」という事実が初めて科学的に実証されることを意味しています。これは、量子コンピュータの歴史の中で大きな意味合いを持ち、1つの重要なマイルストーンであると言えます。

# 第4章のまとめ

◆問題の規模が大きくなると計算の手間が爆発的に増え、現代のコンピュータでは解くのが難しい問題が山ほどあります。しかし、量子コンピュータを使えば計算回数が減り、より速く解ける場合があります。

◆グローバーの解法は、データベース検索や最適化問題などに利用できる解法で、様々な答えの候補を重ね合わせて同時に調べつつ、干渉によって正しい答えだけを絞り込むことで計算回数を減らすことができます。

◆化学の計算では、電子の軌道への入り方が計算できれば、その物質の性質がわかります。電子は量子力学のルールに従って軌道に入るので、同じ量子力学のルールに従う量子コンピュータを使えば簡単に計算できます。

◆量子コンピュータで高速化する計算には他にもいくつか発見されていますが、いずれも「波を操って問題を解く」という量子コンピュータならではの解き方をしていることが、高速化の本質的な部分だと考えられます。

第5章

# 量子コンピュータの実現方法

## ◆量子コンピュータをどうやって作るか？

これまでの章で、量子コンピュータの計算の仕組みについて紹介してきました。「では、実際にはどうやって量子コンピュータを作るの？」というのがこの章のテーマです。ちなみに、私は量子コンピュータの研究者ですが、計算の仕組みを考えるよりも、実際に作ることの方を本業にしています。ですから、私は量子コンピュータの作り方についてこの章で皆さんにお話しするのを心待ちにしていました。

量子コンピュータは、現在、世界中で様々な方式で開発が進められています。しかし、量子コンピュータを作るのはとても難しく、どの方式でも小規模なものしか実現できていません。なぜ、量子コンピュータ開発は難しいのか？　どういう方式があるのか？　研究の最前線はどうなっているのか？　そういった疑問に答えながら、量子コンピュータ開発の今に迫っていきましょう。

第1章で、コンピュータとは数字の計算を何かしらの物理現象に置き換えて解く道具だと説明しました。そろばんでは、数字を珠の位置を使って表し、珠の位置を人間の手で移動することで計算を行います。現代のコンピュータは、そろばんの珠の代わりにトランジ

**図1** 現代のコンピュータにおけるビットの表し方

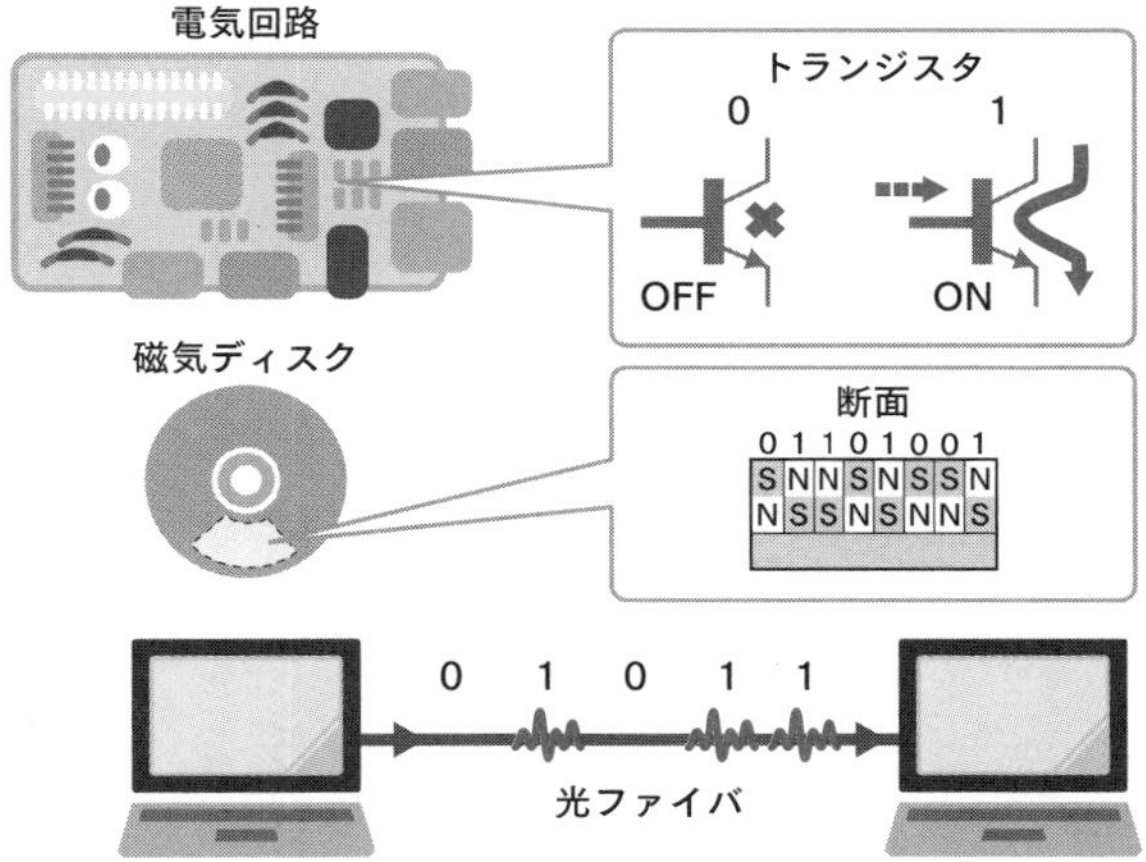


スタという電気的なスイッチを使います。スイッチのONとOFFで「0」と「1」の情報を表し、スイッチをたくさんつなげてONとOFFを連鎖的に切り替えていくことで計算を行うのです。ちなみに、現代のコンピュータは計算を行うときはトランジスタを使いますが、計算以外では目的に応じて色々な方法でビットの情報を表しています（**図1**）。例えば、たくさんの情報を長期的に保存するには磁気ディスクを使います。これは、円盤状のディスクの表面に磁石の性質を持つ材料を塗ったものです。磁石が上向きか下向きかで0と1の情報を記録し、その向きを読み取ったり変更したりすることで、情報を読み書きするわけで

す。一方、インターネットで情報をやりとりするときは、光ファイバを使って光の信号をやりとりします。光のONとOFFで「0」と「1」を表し、光をつけたり消したりする動作を高速で繰り返して情報を送るのです。このように、ビットの情報にも色々な表し方があります。

量子コンピュータの場合は、「0と1の重ね合わせ」である量子ビットの情報を何か物理的な手段で表し、その様子を物理的に変化させることで計算を行うことになります。ただし、その「何か」は、量子力学のルールに従い、重ね合わせになったり、干渉を起こしたりするようなものでなくてはなりません。量子力学は、そもそもミクロな世界を普遍的につかさどる物理法則です。身の回りの物の構成単位である量子、たとえば原子や電子、光子といった粒は、全て量子力学に従います。従って、こういった量子は全て量子ビットの候補になり得るのです。量子コンピュータを作るなら、理屈の上ではどの量子を選んでもOKです。あなたはどの量子が好みですか？　ちなみに、私は光子派です。

## ◆量子コンピュータを作るのはとにかく難しい

量子コンピュータを作る方式は多種多様です。そうは言っても、量子1個で情報を表し、たくさんの量子を操って計算をするというのは、とてつもなく難しいことです。実際に、数個以上の量子ビットを処理できる量子コンピュータが実現できている方式の種類は、それほど多くありません。

量子コンピュータの実現が難しい理由の1つは、量子がとてもデリケートな存在だからです。第2章での2重スリットの実験を思い出してみましょう。1個の電子が2つの隙間を同時に通る重ね合わせとなり、壁に縞模様を作ります。しかし、電子の通り道に邪魔な原子や分子がいると、それらと衝突して重ね合わせが壊れ、縞模様は見えなくなってしまいました。このため、2重スリット実験は邪魔な原子や分子をできるだけ取り除いた、真空の容器の中で行います。このように、量子の性質を保つには、とにかくその量子の周りから邪魔者を全て排除し、量子を大切に守ってあげる必要があるのです。邪魔者とは、原子や分子だけではありません。宙を飛んできた光がその量子に当たって邪魔をする場合もあります。プラスとマイナスの電気が引き合うような電気の力や、S極とN極が引き合う

**図2** 量子の性質を保ちながら計算に利用する方法

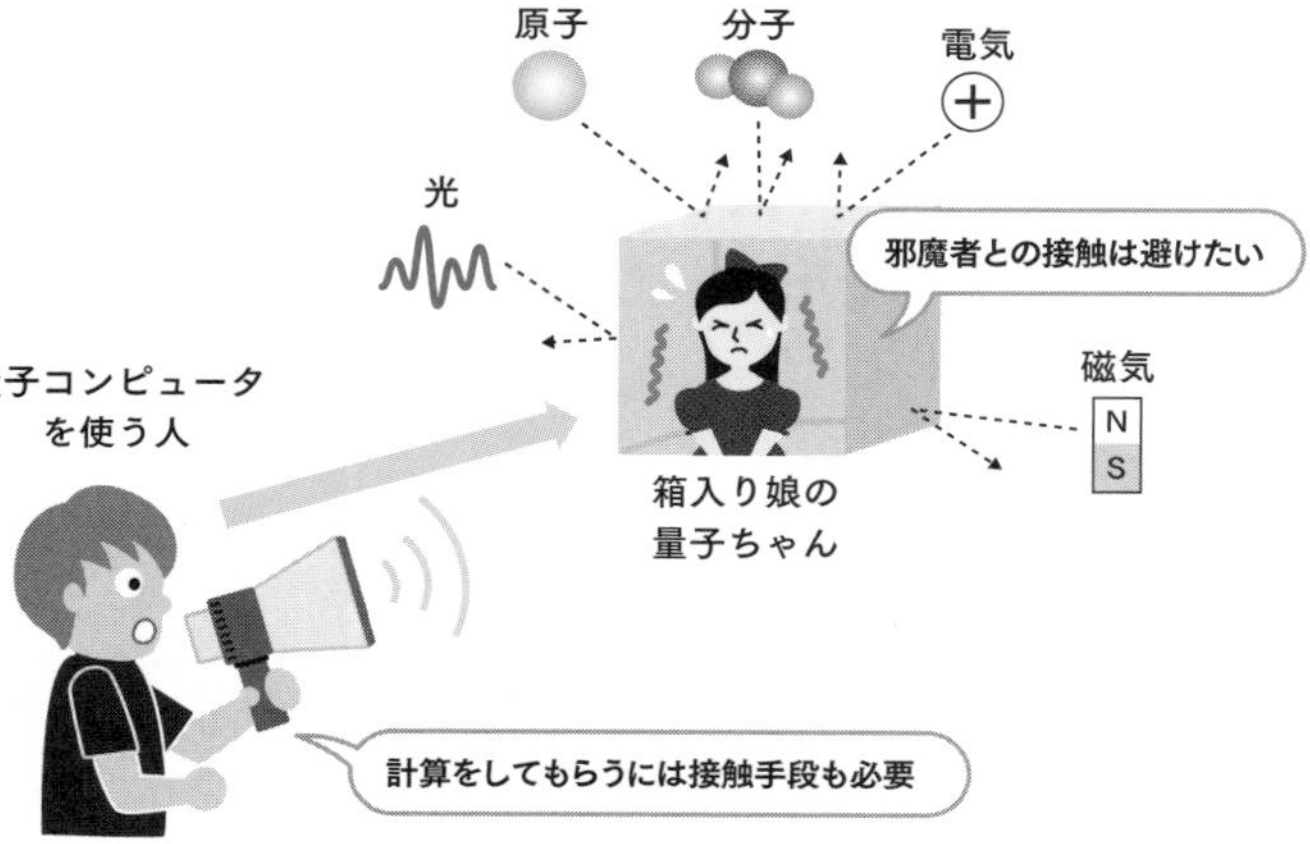


ような磁石の力は、離れた物の間に働きます。従って、周囲の電気や磁石も量子に悪影響を及ぼすかもしれません。こういったあらゆる影響を避けるため、量子をできるだけ周りから隔離できる場所に閉じ込めるのです。例えるなら、**図2**のようなイメージです。量子《りょうこ》ちゃんはとてもデリケートな心の持ち主。他人との接触を一切避けて「箱入り娘」として育て、デリケートな心が傷つくことがないように大事に大事に守ってあげます。一方で、私たちが量子ちゃんに何か計算をしてもらうためには、何かしらの方法で量子ちゃんとコンタクトをとって、計算のお願いをしなくてはなりません。つまり、必要なときだけ「箱」の中の量子

ちゃんと接触することのできる手段も用意しておかなくてはなりません。量子コンピュータを作るには、「量子ちゃんを守るために外部との接触を断ちつつ、自分だけは量子ちゃんとの接触手段を確保する」という、なかなか無茶な条件をクリアしなくてはならないのです。

量子コンピュータの実現の難しさのもう1つは、量子一つひとつを限りなく正確に操る必要があることです。現代のコンピュータは、多少不正確な部分があったとしても計算ミスが起こりにくい良くできた仕組みになっています（**図3上**）。例えばトランジスタは、電気信号を送るか送らないかによって、ONとOFFを切り替えます。トランジスタは、ある基準よりも大きな信号が来ればON、小さな信号が来ればOFFと判断します。この場合、何かしらのノイズによって信号が多少揺れても、ONとOFFを間違えてしまうことはありません。また、トランジスタは人間が製造するものですから、製造するときのばらつきによって、トランジスタ1個1個でONとOFFを判定する基準値にもばらつきが生じます。しかし、このばらつきも許容範囲内であれば、ONとOFFの判定には影響しないのです。このように、現代のコンピュータは、ノイズや製造誤差がある程度あっても計算のエラーを起こさない仕組みになっているのです。このおかげで、もう1つ良いことが

**図3** 現代のコンピュータに比べて量子コンピュータがノイズや誤差に弱い理由

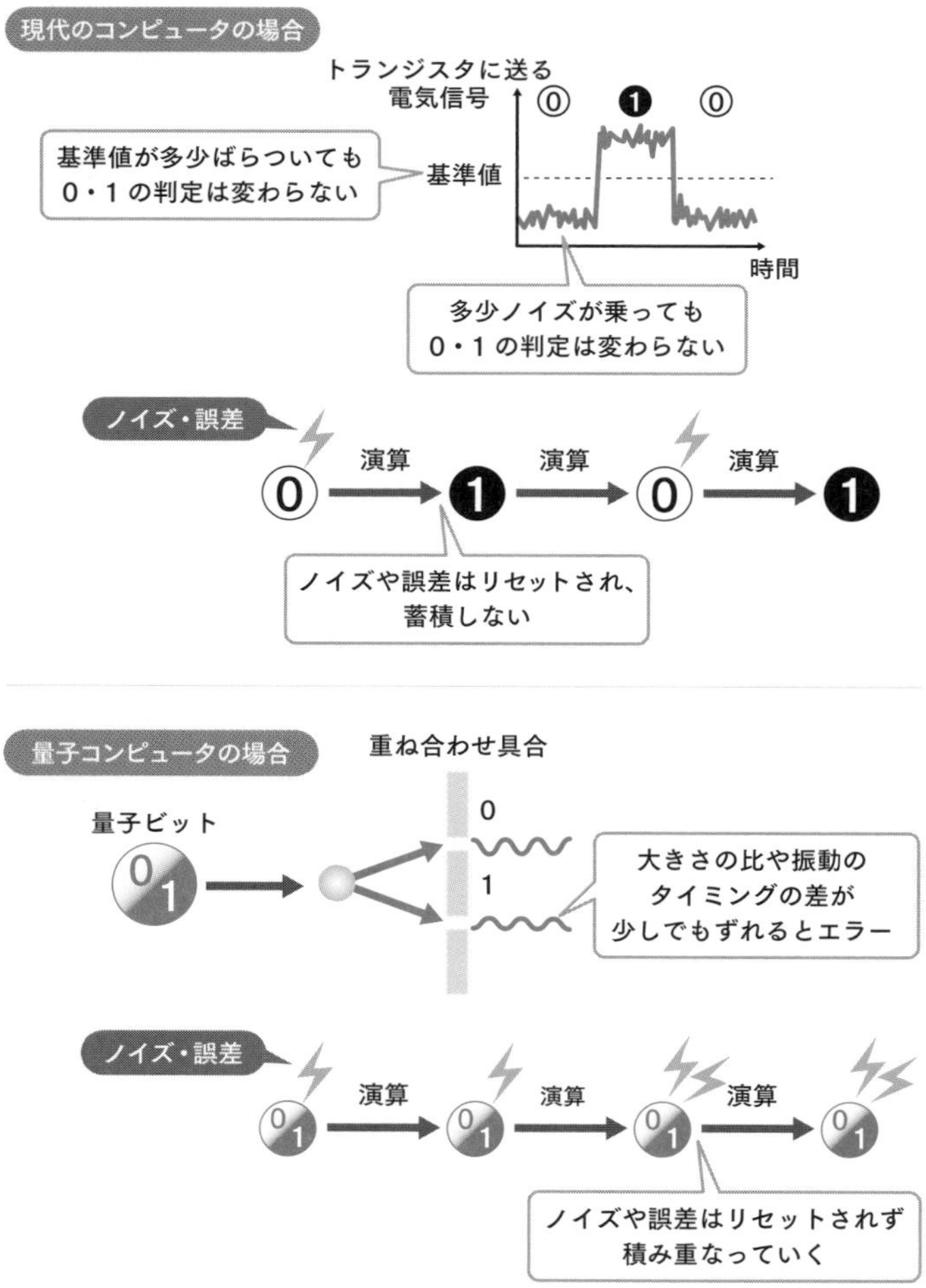

あります。あるトランジスタでノイズや誤差があっても、そのトランジスタのONとOFFには影響しないので、後ろにつながっているトランジスタにそのノイズや誤差の影響が伝わらないということです。つまり、トランジスタをたくさんつなげて繰り返し演算をしていくとき、トランジスタを通るたびにノイズや誤差の影響はリセットされ、蓄積されないのです。

これに対して、量子ビットは情報の性質が異なるため、そもそもノイズや誤差が少しも許されない仕組みになっています(**図3下**)。量子ビットは「0と1の重ね合わせ」であり、その重ね合わせ具合で情報を表します。重ね合わせ具合は波の大きさの比と振動のタイミングの差で決まります。これらの値は連続的に変化するものなので、何かしらのノイズや誤差で少しでもずれれば計算のエラーを引き起こしてしまうのです。トランジスタのように、ある程度の範囲ならノイズや誤差が影響しないということはありません。さらに厄介なことに、量子ビットに繰り返し演算を行うと、1回1回の演算のノイズや誤差がリセットされることなく積み重なっていきます。量子ビットを使った計算では常に重ね合わせ具合という連続的な情報を扱う必要があり、トランジスタのように電気信号をONかOFFの2択に変換してノイズや誤差をリセットするようなことができないからです。量子ビットの演算が99％の精度でできたとしましょう。一見、高い精度に思えるかもしれません。しかし、演算を100回連続して行うと正しい答えが出る確率は99％×99％×99％×…＝37％しかありません。この精度では、答えは全く信用できません。高速で計算をこなしてくれるけど、答えが信用できない量子コンピュータなんて、誰も使いたくありませんよね。このため、量子コンピュータでは演算の精度にも妥協が許されないのです。

このように、量子コンピュータを作るには、電子、原子、光子といった量子1個1個を、ありとあらゆる邪魔者から完璧に守った上で、極限まで正確に操る必要があります。これくらいのクオリティでOK、という合格ラインがないのが辛いところです。量子を邪魔したり乱したりする原因を見つけ出しては潰し、見つけ出しては潰す。そうして、完璧を追い求め続けなくてはならないのです。量子コンピュータの開発者は、日々、このような涙ぐましい努力をしています。量子コンピュータ開発の難しさが、なんとなくでもイメージできたでしょうか。

## ◆コンピュータにはエラー訂正が必須

そうは言っても、量子コンピュータは人間が作るものですから、100%完璧にノイズや誤差をなくすことは不可能です。現代のコンピュータでさえ、100%完璧なものではありません。計算の途中でミスをすることだってあるのです。しかし、現代のコンピュータに「1＋1」を計算させて、「2」以外の答えが返ってくることはありませんよね。それは、万一計算の途中でミスをしても、計算ミスを自分で見つけて訂正するような「エラー訂正」の仕組みを備えているからです。

エラー訂正の基本的な考え方は、「たくさんのビットを使って1個分のビットの情報を表す」ということです（**図4**）。例えば、3つのビットを使って、「000」なら「0」の情報を、「111」なら「1」の情報を表すことにします。「111」という情報があるときに、1個のビットだけエラーで「0」と「1」がひっくりかえり、「101」に変わってしまったとしましょう。この場合も、全てのビットの情報を一度チェックして、多数決を取れば、元々「111」だったのだと判断して修正することができるわけです。よりたくさんのビットを1セットとして1個分のビットの情報を表すことにすれば、より確実にエラー

図4 現代のコンピュータのエラー訂正の例

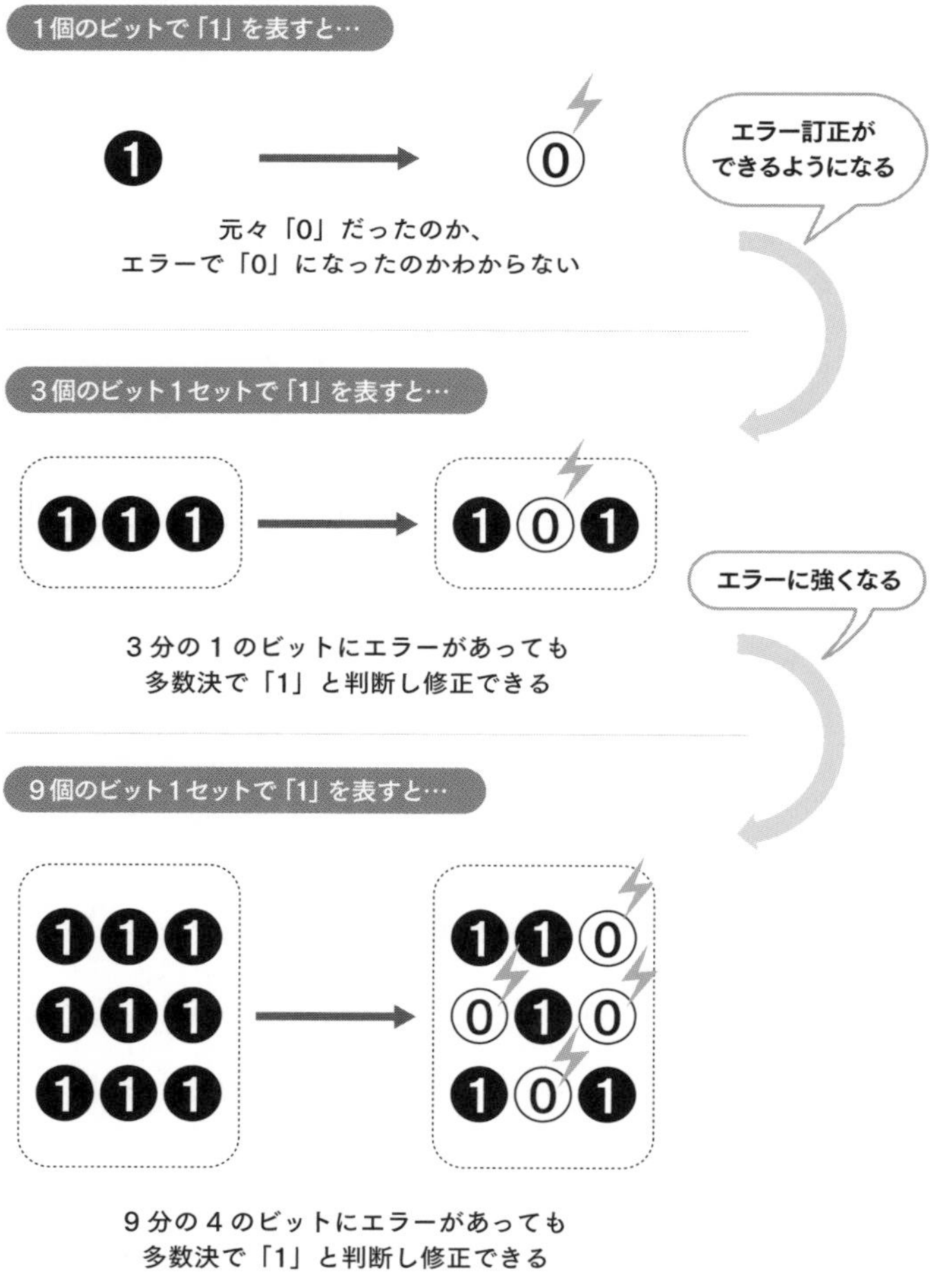
1個のビットで「1」を表すと…
1
0
元々「0」だったのか、
エラーで「0」になったのかわからない
エラー訂正が
できるようになる
3個のビット1セットで「1」を表すと…
111
101
3分の1のビットにエラーがあっても
多数決で「1」と判断し修正できる
エラーに強くなる
9個のビット1セットで「1」を表すと…
111
111
111
110
010
101
9分の4のビットにエラーがあっても
多数決で「1」と判断し修正できる

を直すことができます。このように、現代のコンピュータでは、余分なビットの数を十分増やすことで、最後に間違った答えを出してしまう可能性をほぼゼロにしているのです。

量子コンピュータでも、信頼できる計算結果を出すためには、同じようなエラー訂正の仕組みが必要です。しかし、量子ビットの情報を訂正するのは、簡単なことではありません。そもそも、ビットのエラーは「0」と「1」が入れ替わるだけですが、量子ビットは重ね合わせ具合が少しでも変わるとエラーです。それを全て訂正するというのは、一筋縄ではいきません。また、計算の途中でエラーが起きたかどうかを調べるには、量子ビットがどういう値かを測ってチェックする必要があります。しかし、量子ビットは直接測ると重ね合わせが壊れてしまうという性質があるので、それも難しいのです。

元々、1980年代にファインマンやドイッチュが量子コンピュータというアイデアを提案した頃は、量子コンピュータでエラー訂正をする方法が見つかっていませんでした。このため、当時は一部の研究者が「エラー訂正できないのなら、量子コンピュータが実現することはない」と冷ややかな目で見ていたようです。しかし、幸いなことに1990年代になって、量子コンピュータでもエラー訂正をする方法が見つかりました。その仕組みは**図5上**の通りです。まず複数の量子ビットを連携させ、1個分の量子ビットの情報を表す

図5 量子コンピュータのエラー訂正

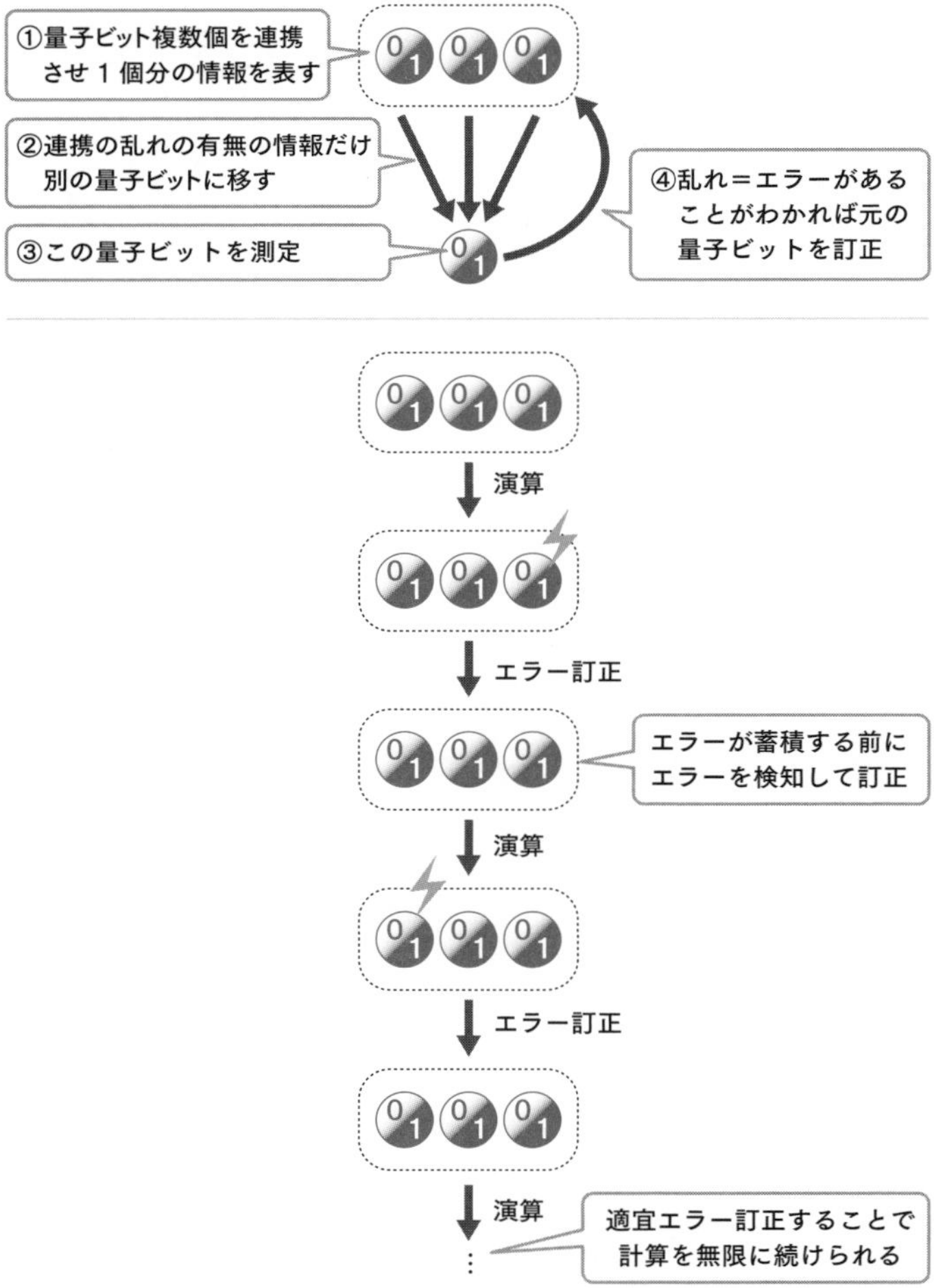
①量子ビット複数個を連携させ１個分の情報を表す
②連携の乱れの有無の情報だけ別の量子ビットに移す
③この量子ビットを測定
④乱れ＝エラーがあることがわかれば元の量子ビットを訂正
0
1
演算
エラー訂正
エラーが蓄積する前にエラーを検知して訂正
演算
エラー訂正
演算
適宜エラー訂正することで計算を無限に続けられる

ように情報を埋め込みます。計算の途中でエラーが起こると、その連携に乱れが生じます。そこで、連携の乱れの有無の情報だけを別の量子ビットにうまく移し替えて測定することで、エラーが起きたかどうかを判定するのです。この方法によって、どのようなエラーが起こっても、量子ビットそのものの情報を壊すことなく検知し、訂正できることがわかったのです。

ところで、「計算の答えを検算した結果、元々の答えが正しかったのに、間違った答えに直してしまって損をした！」という経験はありませんか？　検算にもある程度の正確さが必要ですよね。それは量子コンピュータのエラー訂正でも同じです。「エラーがあるかどうかを確かめて、エラーがあれば修正する」という操作そのものにもエラーがあるからです。このため、エラー訂正には、得をするか損をするかの境目となる「損益分岐点」がありま す。量子ビットを操作するときのエラー率がある基準値よりも小さくないと、エラー訂正の手続きによってかえって間違った答えを出す確率を増やしてしまうことがあるのです。量子コンピュータのエラー訂正には、色々な方法が見つかっています。現在見つかっている中で最も優れた方法でも、エラー率の損益分岐点は約1％しかありません。つまり、そもそも1回1回の演算で1％よりも大きな確率でエラーがある場合、エラー訂正で損をしてしまうのです。逆に、エラー率が1％以下なら、エラー訂正によって最後に誤った答えを出す確率を減らせます。よりたくさんの量子ビットで1個分の量子ビットの情報を表すほど、エラー訂正の精度は上がり、最終的にほぼ100％正しい答えを導けるようになるのです。これは、検算の回数を増やせば増やすほど、最後の答えの信頼性が上がるのと同じことです。

それなら、エラー訂正がうまくいく「エラー率1％以下」の精度まで量子コンピュータを作りこめばそれで十分かというと、そうでもありません。当然ながら、演算のエラー率が小さければ小さいほどエラー訂正の効率も良いのです。エラー訂正の方法の発見によって、エラーを完全に0にする必要はなくなったものの、結局は量子コンピュータ開発に妥協は許されません。とにかく、エラーを起こす原因をトコトン見つけてトコトン潰す。これは量子コンピュータ開発者が逃れられない宿命なのです。

エラー訂正がきちんとできるようになれば、演算のたびにエラー訂正をすることでノイズや誤差をリセットできます（**図5下**）。これにより、何回も演算を繰り返す複雑な計算でも、信頼できる答えが出せるようになります。量子コンピュータは、エラー訂正の機能を備えて初めて、安心して使える「一人前」の量子コンピュータになるのです。

## ◆量子コンピュータ開発の今

現在は、量子コンピュータ開発ブームの真っ只中です。世界各国の研究機関や企業が、様々な方式で量子コンピュータ開発を進めています。その先頭を走るＩＢＭやGoogleなどの巨大ＩＴ企業では、すでに50個程度の量子ビットを搭載した超伝導回路方式の量子コンピュータの動作が確認されています。また、超伝導回路を始めとした一部の方式では、演算のエラー率をエラー訂正の損益分岐点である１％よりも低く抑えられるレベルにまで到達しています。

しかし、こういった量子コンピュータはまだまだ規模が小さく、エラー訂正を行いながら計算できるものではありません。第４章では、量子コンピュータが高速に解ける問題として、データベース検索、化学の計算、素因数分解、連立一次方程式などを紹介しました。これらの問題を実用レベルで解くには、１００万から1億個以上の量子ビットが必要と見積もられています。現在の量子コンピュータの量子ビットの個数は１００個にも満たないわけですから、これは桁違いに大きな数です。従って、量子コンピュータはこれから何桁も量子ビット数を増やしていかなければならないのです。そう思うと、量子コンピュータは「もうすぐ実用化」という類のものではなく、「まだスタート地点」と思った方が正しい認識でしょう。過度な期待は禁物です。

皆さんの中には、「数十個の量子ビットを搭載したマシンが作れるなら、それをたくさんつなげていけば大規模な量子コンピュータが作れるのでは？」と思う方もいらっしゃるかもしれません。しかし、残念ながら話はそれほど単純ではありません。第1章で、「現代の量子コンピュータと、本当に役立つ量子コンピュータの差は、レゴブロックで作ったおもちゃの車と、本物のＦ１のレーシングカーくらい違います」と説明したことを覚えていますか？　では、レゴブロックのおもちゃの車を、同じ仕組みのままサイズを大きくして、本物のレーシングカーが作れるでしょうか？　確かに、小さなおもちゃのレベルではレゴブロックで十分だったかもしれません。しかし、サイズを大きくしようとしたとたんに、強度・耐久性・空気抵抗・操作性など、これまで考える必要がなかった新しい課題が次々と出てくるでしょう。量子コンピュータも同じです。サイズを大きくするほど、色々な新しい課題に直面します。現在と全く同じ技術の延長で、大規模な量子コンピュータが作れるわけではないのです。

今後、実用的に役に立つエラー訂正可能な量子コンピュータを作るには、長期にわたる

図6 今後の量子コンピュータ開発の流れ

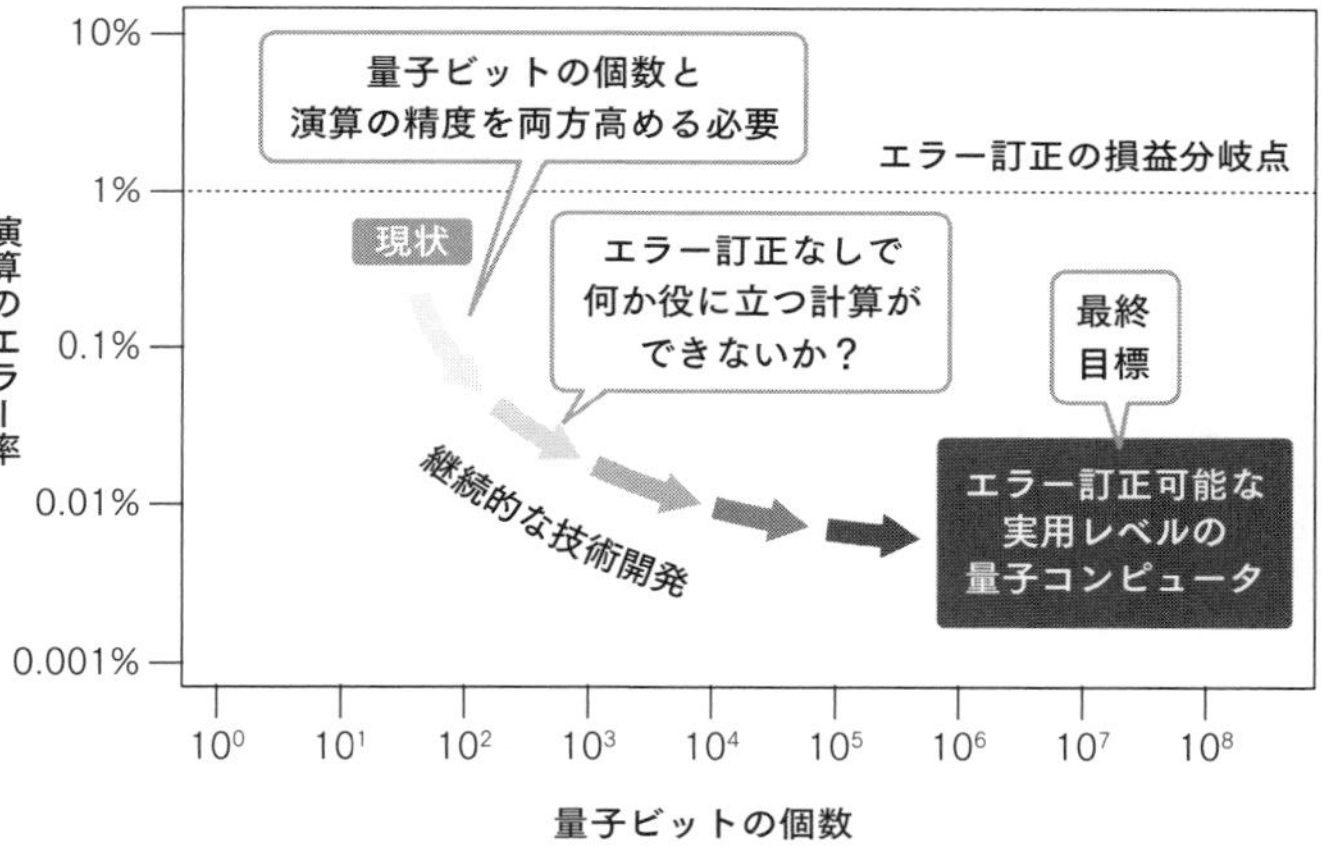


技術開発が必要でしょう。**図6**に示したように、量子ビットの数を何桁も増やすと同時に、演算のエラー率も何桁も下げていく必要があるからです。現在は、世界中で量子コンピュータへの期待が高まり、積極的な投資が行われています。しかし、技術開発は長丁場になりますし、当面の量子コンピュータが高まりすぎた期待に十分に応えられるとは思えません。このため、熱が冷めたときに「量子コンピュータ冬の時代」が訪れる可能性もあります。何とかして冬の時代を乗り切り、実用レベルの量子コンピュータ実現へこぎつけなければなりません。このためには、「小規模でエラー訂正できない量子コンピュータでも、うまく利用

することで何か役に立つ計算に利用できないか?」という短期的な目標設定での研究も重要となります。こういった短期的な目標を設定しつつ、継続的な技術開発を進め、最終目標であるエラー訂正可能な量子コンピュータを目指すというのが、今後の量子コンピュータ開発のロードマップです。

## ◆量子コンピュータのメジャーな方式の比較

量子コンピュータは、現在様々な方式で開発が進められています。ここからは、現在メジャーな開発方式を紹介していきましょう。前述通り、量子コンピュータを作るには、何らかの量子を使って量子ビットの情報を表した上で、その量子の性質を邪魔者から守って安定に維持してあげられること、また低いエラー率で正確に操作できることが最低条件です。しかし、最終的に量子コンピュータとして計算に利用する上では、それ以外にも色々と望ましい条件があります。

一度、現代のコンピュータを思い出してみましょう。現代のコンピュータは、トランジスタという電気スイッチが主役です。しかし、トランジスタの発明前は、リレーや真空管と呼ばれる別のタイプの電気スイッチでコンピュータが開発されていました。トランジスタには、リレーや真空管と比べて圧倒的な強みがありました。まず、小型化が可能で、小さな領域にたくさん詰め込んで集積化できるということです。このおかげで、現代のコンピュータは手のひらに乗るようなサイズでも複雑で高度な計算処理ができるようになりました。さらに、トランジスタは1秒間に10億回以上という超高速でONとOFFを切り替えられます。このため、1回1回の計算を極めて高速で実行できます。これはコンピュータ用語で言えば、「クロック周波数が高い」ということです。こういった圧倒的な強みにより、トランジスタが発明されると、リレーや真空管は廃れてしまったのです。

量子コンピュータを開発する上でも、こういった集積化のしやすさや動作の高速性は重要でしょう。また、動作させるために冷やしたり真空にしたりする特殊な装置が必要かどうかも、使いやすさに関わってくるでしょう。**図7**に代表的な4つの方式を整理してみました。比較してみると、どの方式も一長一短があることがわかります。量子ビットの個数や演算の精度の観点から見ると、現在は超伝導回路方式とイオン方式の開発が最も進んでいます。しかし、前に述べたように、量子コンピュータ開発は「まだスタート地点」です。今後の長期にわたる研究開発の中で、どの方式が伸びてくるかはわかりません。もしかす

**図7** 量子コンピュータの代表的な方式の比較

超伝導回路方式：Google や IBM が取り組み 現在最も主流

イオン方式：超伝導方式と規模は互角 演算精度はナンバーワン

| | 超伝導回路方式 | イオン方式 |
|---|---|---|
| 量子ビットの「0」と「1」の表し方 | 超伝導状態の電気回路の2通りの状態 | イオン1個中での電子の軌道への2通りの入り方 |
| 利点 | ◎エラー率1%以下<br>◎集積化可能 | ◎エラー率1%以下<br>◎量子ビットが安定 |
| 欠点 | × 量子ビットが不安定<br>× 冷凍機が必要 | × 一部の演算が低速<br>× 真空容器が必要 |

半導体方式：まだ規模は小さいが 集積化へ Intel も期待

光方式：他にはない利点を持ち 通信もできる注目株

| | 半導体方式 | 光方式 |
|---|---|---|
| 量子ビットの「0」と「1」の表し方 | 半導体基板中に閉じ込めた電子1個が持つ磁石の2通りの向き | 光子1個の2通りの波の振動方向 |
| 利点 | ◎高密度に集積化可能 | ◎室温・大気中で動作<br>◎演算が高速 |
| 欠点 | × エラー率がまだ高い<br>× 冷凍機が必要 | × エラー率がまだ高い<br>× 一部の演算が確率的 |

ると、いくつかの方式を組合せたハイブリッドな方式が生まれるかもしれませんし、全く新しい方式が発明されて形勢逆転するかもしれません。現在の量子コンピュータ開発は、まだどれがトランジスタのような「本命」か、判断ができない状況なのです。第1章でもお話ししましたが、現代のコンピュータの場合、トランジスタの発明後は「トランジスタの数が1年半ごとに2倍」というムーアの法則で着々と規模が大きくなりました。量子コンピュータも、ここ数年は年々着々と規模が大きくなっています。しかし、「本命」の方式が決まっていない以上、まだ「量子版ムーアの法則」のようなものはないと考えるべきでしょう。今後の量子コンピュータがどう進歩していくかは、誰にも予想できません。

ここからは、**図7**で挙げた4つの量子コンピュータの方式を取り上げて、その仕組みを簡単に紹介していきます。なお、光方式は、私が行っている研究そのものです。私の研究については、第6章で具体的に紹介します。

## ◆量子コンピュータ方式1：超伝導回路方式

現在、研究開発が最も進んでいて、かつ世界で最もメジャーなのが、超伝導回路を使っ

図8 超伝導の性質と応用分野

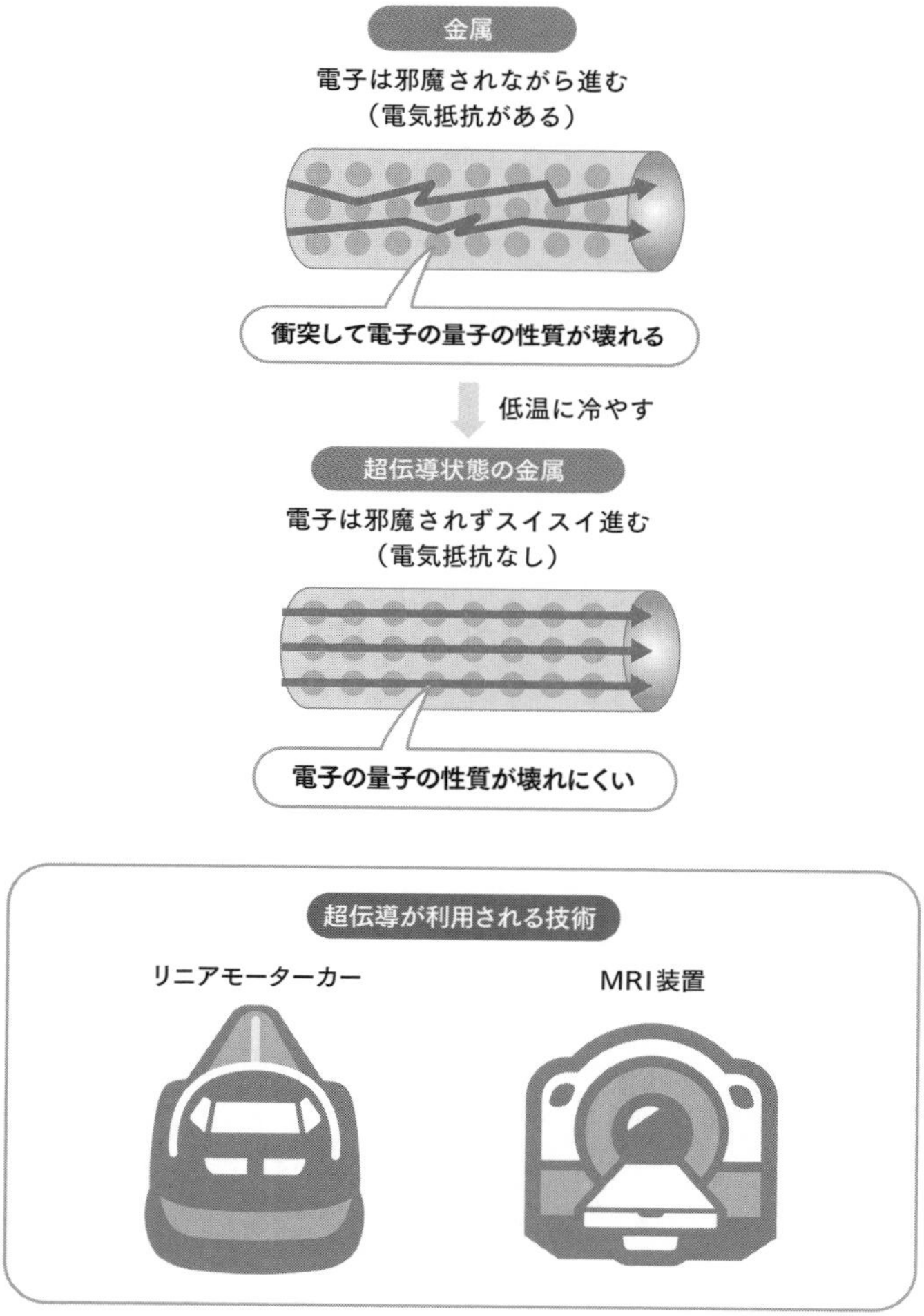
金属
電子は邪魔されながら進む
（電気抵抗がある）
衝突して電子の量子の性質が壊れる
低温に冷やす
超伝導状態の金属
電子は邪魔されずスイスイ進む
（電気抵抗なし）
電子の量子の性質が壊れにくい
超伝導が利用される技術
リニアモーターカー
MRI装置

た量子コンピュータです。2019年にGoogleは「スーパーコンピュータでも解くのに1万年かかる問題を、量子コンピュータを使って200秒で解いた」と発表をしました。このときに用いたのも、53個の量子ビットに平均99％以上の精度で演算を実行できる、最先端の超伝導量子コンピュータでした。また、IBMは2016年から独自に開発した超伝導量子コンピュータを世界中の誰でも無料で使えるようにインターネットで公開し、2019年には超伝導量子コンピュータの販売も始めています。まだ実用的なレベルのものではありませんが、超伝導量子コンピュータは「誰でも使える、誰でも（お金さえあれば）買える」レベルまで達し、量子コンピュータ業界の最前線を走っています。このため、「量子コンピュータと言ったら超伝導しかない」と思っている方もいらっしゃるようです（実際はそんなことはありませんよ）。

そもそも「超伝導」という言葉は聞いたことがあるでしょうか？　車両を宙に浮かせて移動するリニアモーターカーや、病院で体の中を調べるMRI装置でも利用されている技術です（**図8**）。超伝導とは、金属などをとても低い温度に冷やすと、電気抵抗（電気の流れにくさ）がゼロになる現象です。通常の金属には電気抵抗があります。これは、電気の流れを担っている電子が金属の中を動くときに、金属を構成している原子の陽子や中性子

図9 超伝導回路方式の量子コンピュータ

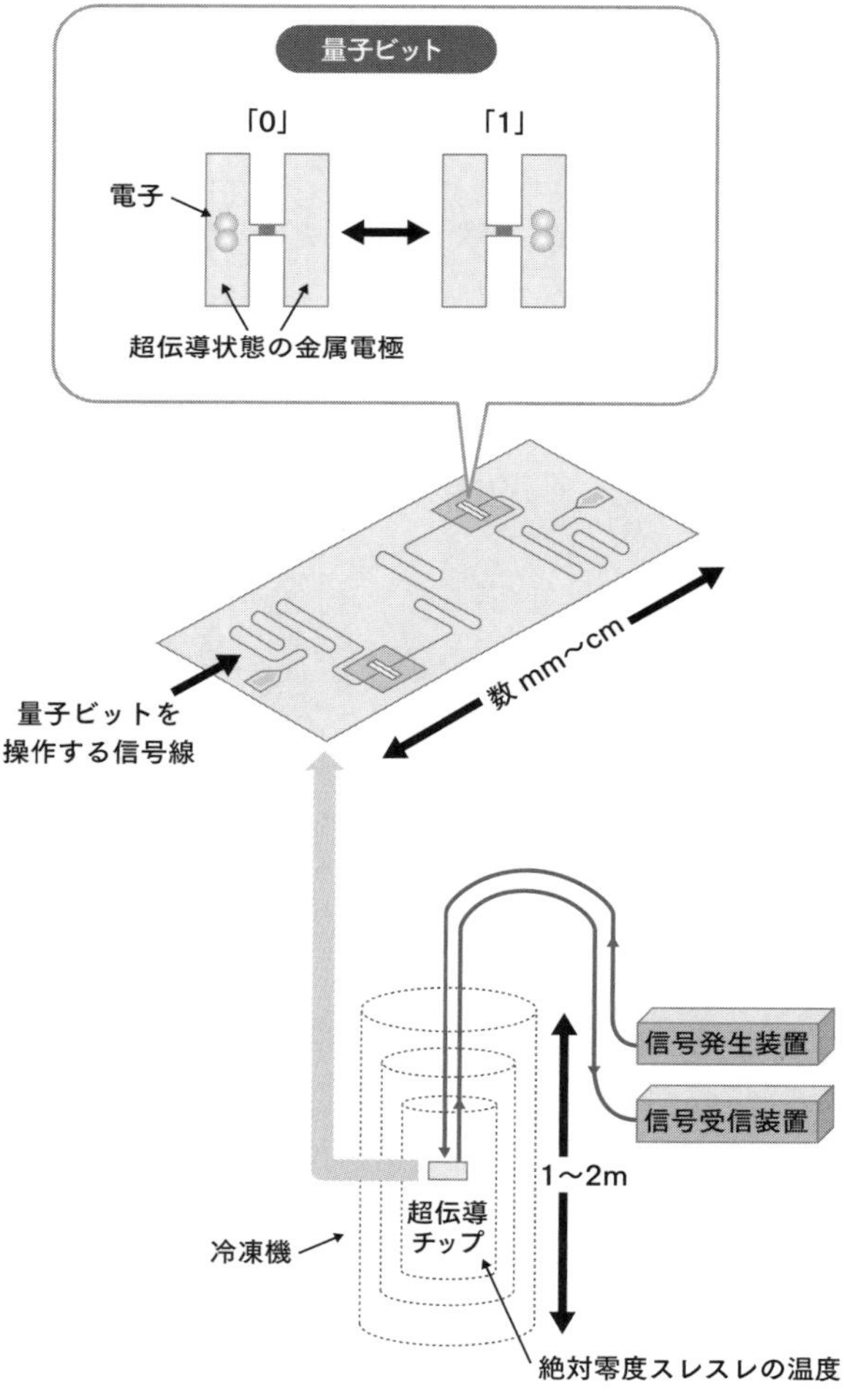

などにぶつかって動きを邪魔されてしまうからです。しかし、超伝導という状態になった金属の中では、電子は全く邪魔されることなく、スイスイと自由自在に動き回れます。この結果、電子の量子としての性質が壊れにくくなり、量子コンピュータに利用できるようになるのです。

超伝導量子コンピュータの本体は、**図9上**のような電気回路のチップです。回路をうまく設計した上でチップを冷やして超伝導状態にすると、回路の中に何かしらの重ね合わせ状態を作り出せます。たとえば、2枚の電極が向かい合った構造を作り、電子がそのどちら側の電極にいるかで「0」と「1」を表すことにすれば、その構造1個で「0と1の重ね合わせ」の量子ビットを表せます。このように作った回路に外から電気信号を送れば、電子の動きを操って量子ビットの演算を実行したり、量子ビットが「0」か「1」かを測定して読み出したりすることができます。

この電気回路のチップは、超伝導状態にして安定に保つため、マイナス273℃まで冷やします。これは絶対零度という、「これより低い温度はない」という温度の下限スレスレの温度です。このような温度まで冷やすため、**図9下**に示した巨大な冷凍機が用いられます。その中身はマトリョーシカのように何重もの入れ子構造になっており、最も内側の容

図10 IBMの超伝導量子コンピュータの外観。中央の大きい容器が冷凍機（画像提供：日本IBM）

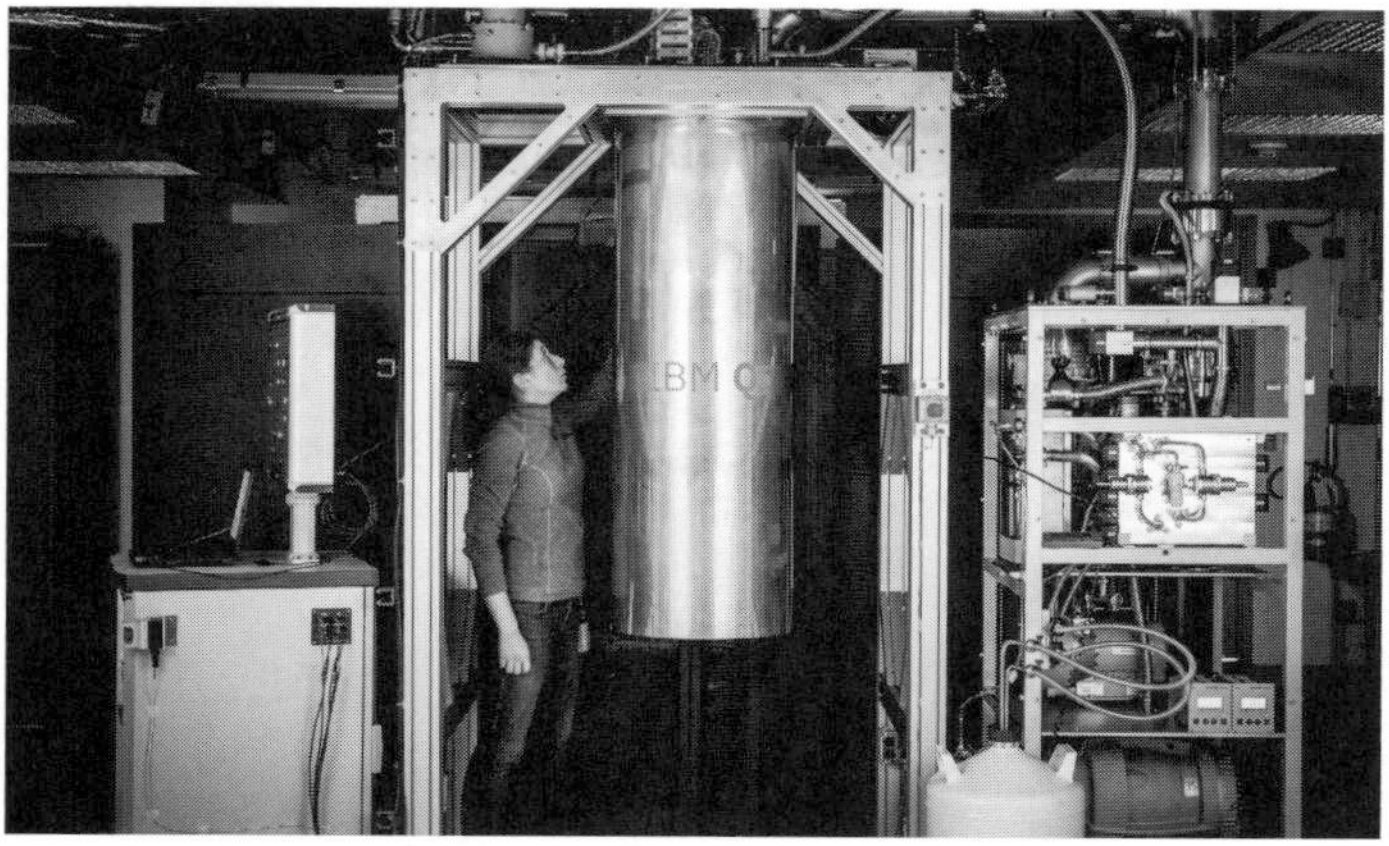


図11 IBMの量子コンピュータのチップ（画像提供：日本IBM）

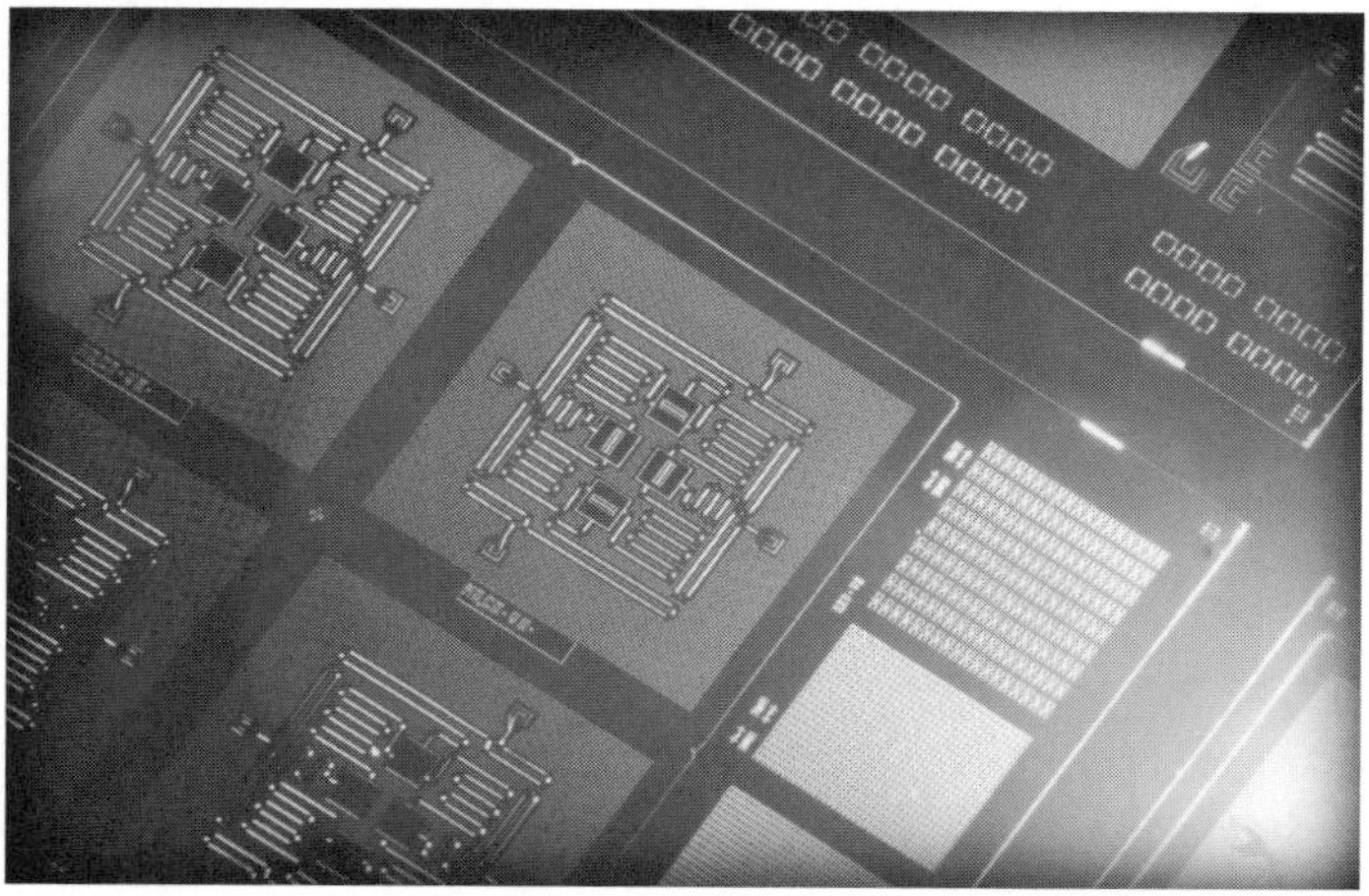

器に超伝導回路のチップが入っています。このチップと冷凍機の外の装置をつなぐケーブルを使って、チップと電気信号をやりとりし、量子ビットを操ったり情報を読み出したりできるのです。量子コンピュータ本体のチップは割と小さいのですが、それを閉じ込めておく容器が大きいので、全体としてみるとそれなりの大きさです。実際のＩＢＭの超伝導量子コンピュータの写真が**図10・図11**です。

超伝導量子ビットは、１９９９年に日本で発明されました。これは当時、ＮＥＣの研究所に在籍していた中村泰信氏と蔡兆申氏による発明です。発明した当時は量子ビットの重ね合わせが一瞬で壊れてしまうという難点がありました。しかし、その後の研究で重ね合わせを保てる時間が桁違いに長くなりました。この方式では、チップの上に多数の量子ビットを自由に配置して集積化できますし、電気信号で量子ビットを比較的簡単に操作できるのも利点です。

一方で、超伝導回路は他の方式に比べれば量子ビットが不安定で、重ね合わせを安定に保てる時間がまだ短いです。チップ上に、重ね合わせを壊してしまう邪魔者たちがまだ隠れているのでしょう。また、１つのチップの中にたくさんの量子ビットを並べるほど、色々な課題が生じ、量子ビットを正確に操るのが難しくなっています。例えば、ある量子ビットだけを操作しようと思ったのに、近くにある他の量子ビットにまで影響が及んでエラーが起こったりするのです。こういった課題を克服するため、回路の設計や作り方を工夫する研究が進められています。

### ◆量子コンピュータ方式2：イオン方式

超伝導回路方式よりも古い歴史を持ち、現在超伝導回路方式と肩を並べる規模の量子コンピュータができているのが、イオンを使った方式です。イオン方式は、超伝導回路方式に比べても、量子の性質を長い時間安定して保つことができ、演算の精度も高いという強みがあります。ただ、あまりニュースでは日の目を見ないので、「超伝導回路方式は聞いたことがあるけど、イオン方式は知らない」という方も多いでしょう。いくつかのベンチャー企業が開発に取り組んでおり、2018年には、IonQという企業が、79個のイオンの量子ビットを操作できる過去最大級の量子コンピュータを実現したと発表しています。

イオンとは、プラスかマイナスの電気を持つ原子のことです。例えば、2019年に吉野彰氏がノーベル化学賞を受賞した理由はリチウムイオン電池の発明です。この電池では、

図12 イオン方式の量子コンピュータ

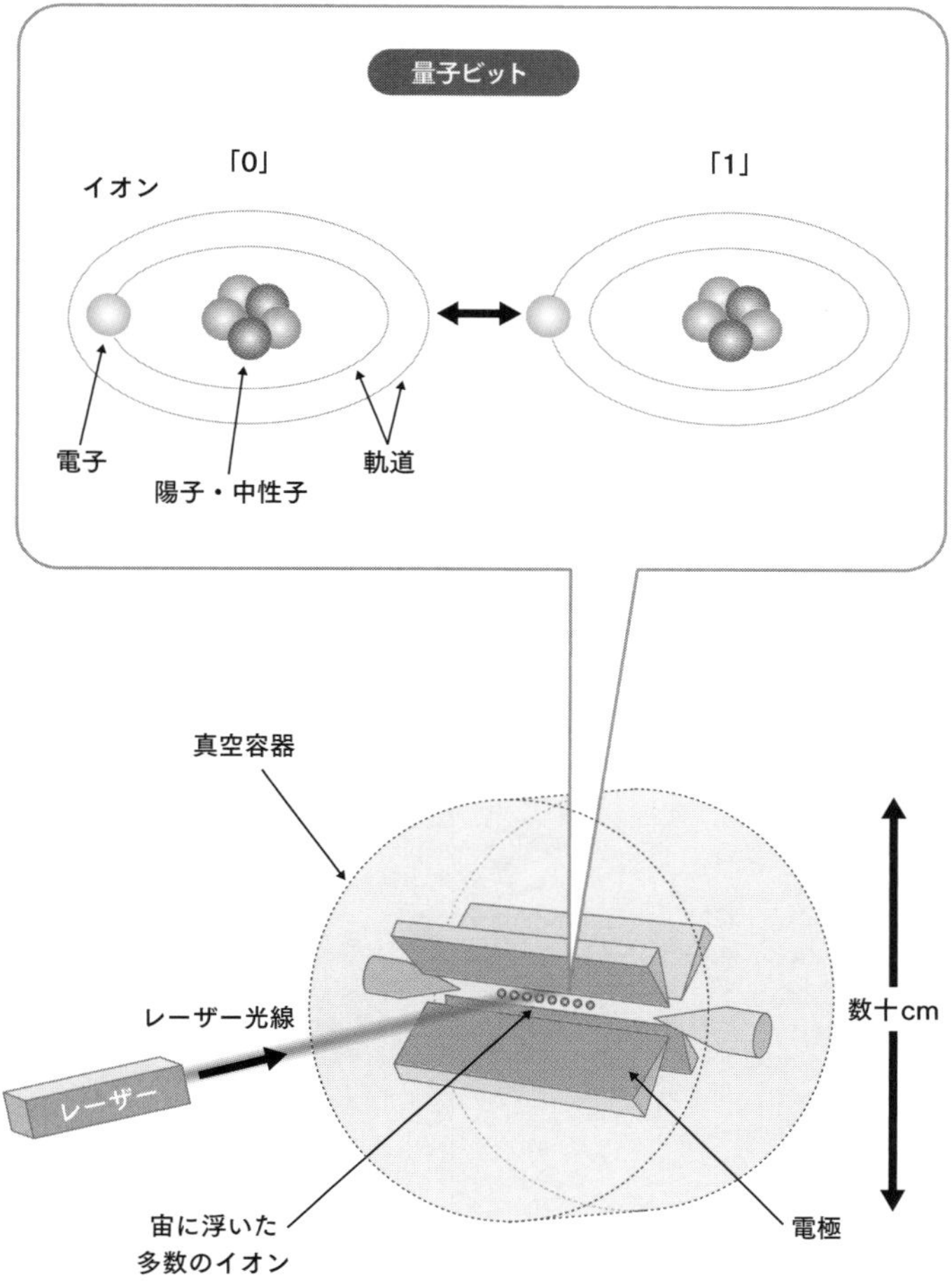

たくさんのリチウム原子がプラスの電気を持つイオンとなって電気を運ぶことで、電気を流したり貯めたりできるわけです。イオン方式の量子コンピュータでは、そういったイオン1個1個を量子ビットに使います。イオンの中心には陽子・中性子があり、その周りに電子がぐるぐる回るための軌道がいくつかあります。1個の電子に注目し、それがある2つの軌道のどちらにいるかで「0」と「1」を表すことにすれば、イオン1個で「0と1の重ね合わせ」の量子ビット1個を表せます（**図12上**）。

イオン1個で量子ビットの情報を表したとしても、そこに邪魔な原子や分子がぶつかると、情報は壊れてしまいます。このため、まず余計な原子や分子のいない真空の容器を作り、その中に使いたいイオンだけを閉じ込めます。さらに、イオンは容器の壁に衝突してもいけません。そこで、イオンが何とも接触しないように、宙に浮かせましょう。「そんなこと可能なの？」と思うかもしれませんが、実は可能です。プラスとプラスの電気を持つ物質同士は反発しあい、プラスとマイナスの電気なら引き合う、ということを高校で習ったと思います。これを利用して、真空容器の中に金属の電極を並べ、イオンにうまく電気の力をかけるのです。そうすると、ぴたっと真空の容器の中の1点でイオンを宙に浮かせて止められます（**図12下**）。たくさん量子ビットを用意したければ、たくさんのイオンを宙に浮かせて並べておけばよいのです。このように邪魔者のいない空間で宙に浮かせたイオンの量子ビットはとても安定していて、重ね合わせを非常に長い時間壊さずに保っておくことができるのです。

イオンの量子ビットを操作するには、イオン1個1個にレーザー光線を狙い撃ちして、イオンの中の電子を操ります。行いたい演算の順番に応じて、並んでいるイオンにレーザー光線を順々に当てていけばよいのです。最後に計算結果を読み出すためには、イオンに読み出し専用の別のレーザー光線を当てます。このときのイオンの反応を見れば、「0」と「1」のどちらの状態にあるのかが調べられるのです。

イオン方式の量子コンピュータのメリットは、非常に精度よく演算ができることです。超伝導回路の量子ビットは人間が作り出したものなので、製造誤差によって個々の量子ビットごとに性質が微妙に異なってしまいます。しかし、自然界に存在するイオンは、言うなれば神様が作り出したものです。製造誤差なんてものはありません。イオンがたくさんあっても、本質的にどれも全く同じ性質を持ちます。このため、全ての量子ビットを高い精度で操作することがたやすいのです。この理由と、量子ビット自体の高い安定性のお陰で、イオン方式の演算精度は現在では数ある方式の中でナンバーワンで、99・9％以上の精度が達成されています。

一方で、この方式の課題は1つの真空容器の中に捕まえて操れるイオンの数が数十個程度で限界ということです。このため、単純に量子ビットの数を増やしていくことができません。そこで、数十個のイオンが操れる小規模な量子コンピュータをたくさん作り、それらを何らかの方法でつなげて連携させることで大規模な量子コンピュータにする方法が研究されています。また、他の方式に比べて一部の演算（量子版XORなど）を行うのに桁違いに時間がかかるという弱みもあります。これでは、他の方式に比べてずっと計算が遅い（クロック周波数が低い）量子コンピュータになってしまうので、この課題を克服する方法も研究が進められています。

### ◆量子コンピュータ方式3：半導体方式

現代のコンピュータの頭脳であるCPUという小さなチップには、トランジスタが10億個くらい入っています。このCPUは半導体という材料でできています。世の中には、アルミや鉄のように電気を通す材料と、ガラスやゴムのように電気を通さない材料がありま

図13 半導体方式の量子コンピュータ

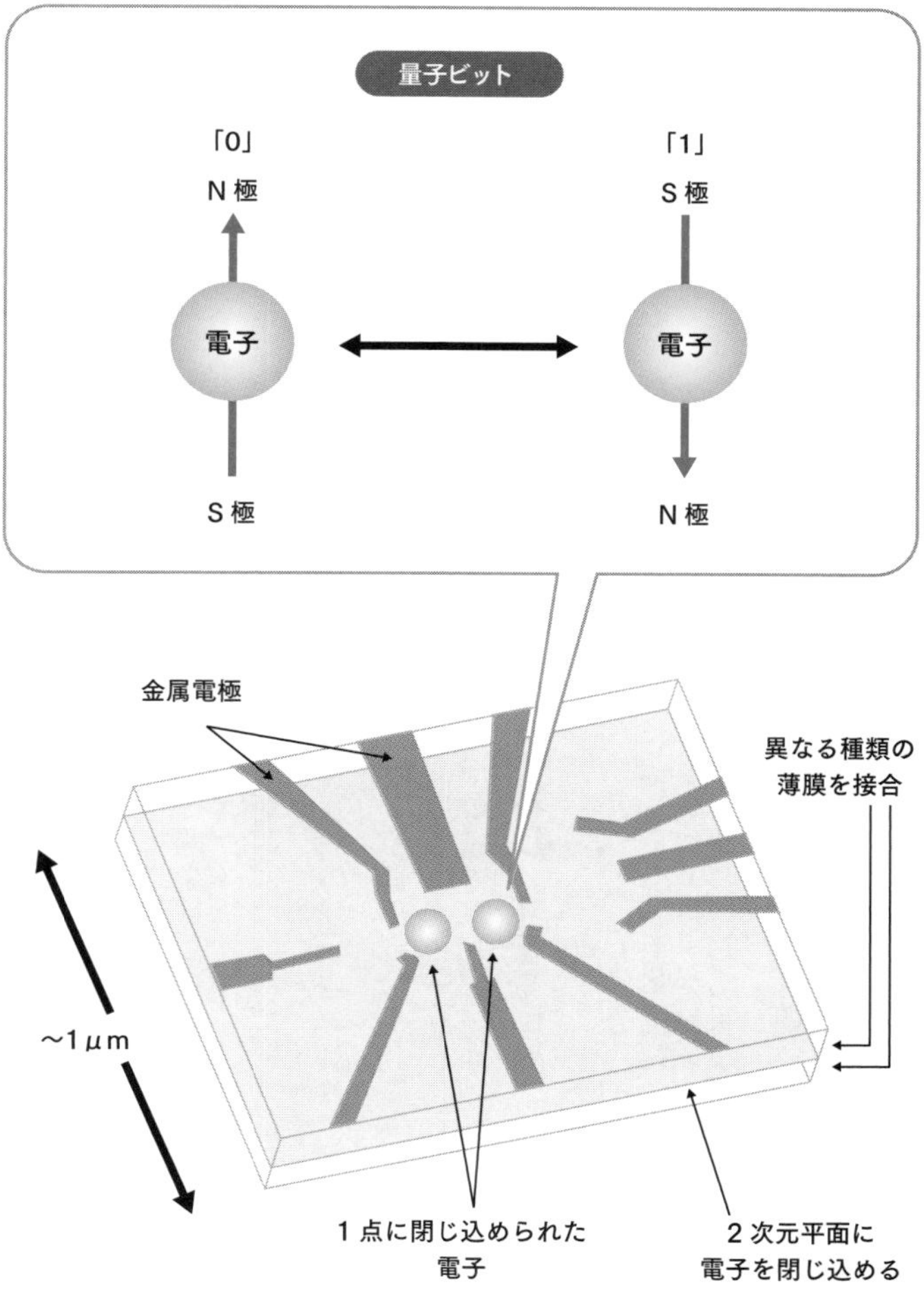

す。半導体はそれらの中間の性質を持ち、その代表例はシリコンやゲルマニウムです。これらは、条件によって電気を通したり通さなかったりするので、電気の流れを切り替えるトランジスタを作るにはもってこいの材料なのです。これまでのコンピュータ産業の発展のおかげで、不純物のない高品質な半導体を作る技術や、半導体を使ってトランジスタのようなナノメートルサイズの小さな部品を加工する技術が非常に進んでいます。この技術を量子コンピュータにも応用しようというのが、半導体方式の量子コンピュータなのです。半導体方式の量子ビットのサイズは、超伝導回路方式のものよりもはるかに小さく、現代のトランジスタに匹敵するレベルです。このため、将来的にたくさんの量子ビットを高い密度で集積化できるだろうと期待されています。現時点では、超伝導回路やイオンの方式ほどは開発が進んでいませんが、着々と技術が積み重ねられています。その将来性を見込んで、半導体メーカー大手のIntelが半導体の量子コンピュータ開発に投資しています。

近年有力視されているのは、半導体中の1か所に電子を閉じ込めて量子ビットとして用いる方式です。**図13**のように、半導体のチップ上に、異なる種類の半導体の薄い膜を何枚も重ねた特殊な構造を作ります。すると、電子をある薄膜と薄膜の間の2次元平面に閉じ込めることができます。さらに、表面に金属の電極を取り付けて、マイナスの電気を持つ電子に電気の力をかけます。これにより、電子を半導体内の1点に閉じ込めることができます。このように閉じ込めた電子を並べて、それぞれを量子ビットとして使います。1個1個の電子は、小さな磁石の性質を持っています（スピンと呼ばれます）。この磁石のS極とN極の向きが上向きか下向きかによって「0」と「1」を表すことができ、電子1個で量子ビット1個が表せます。周囲の金属電極に電気信号を送れば磁石の向きを操作して量子ビットの演算を実行したり、磁石の向きを調べて量子ビットが「0」か「1」か読み出したりすることができます。

半導体のチップの扱いは、**図9上**に示した超伝導回路のチップの扱いと似ています。チップは、電子の量子の性質を安定に保つために冷凍機の中で非常に低い温度に冷やします。その上で、チップと冷凍機の外の装置をつなぐケーブルを使って、チップと電気信号をやりとりすることで、量子ビットの操作や結果の読み出しを行います。

最近は、半導体の中でもシリコンを使った量子コンピュータが注目されています。しかし、現在はまだ1～2量子ビットを操作する実験が行われている段階で、技術的にはまだこれからといったところでしょう。演算のエラー率も超伝導回路方式やイオン方式と比べれば劣っています。今後は、エラー率を下げるために、電子の量子ビットの邪魔をする要因を半導体チップの中から取り除いたり、電極に送る信号を工夫したりといった取り組みが必要になるでしょう。また、半導体のチップ上に量子ビットをたくさん並べて操作するためのチップの設計についても研究が進められています。

### ◆量子コンピュータ方式4：光方式

電流とは、細かく分割していくと電子という粒の流れである、ということを高校の物理で習います。同様に、私たちが普段目にしている太陽や照明の光を細かく分割していくと、光子という粒の流れであることがわかります。光子は光の量子であり、これを使った量子コンピュータも作ることができます。光子を使った方式には他の方式にはない独特のメリットがあります。このメリットに目を付け、PsiQuantum や Xanadu など、光の量子コンピュータを作るベンチャー企業もいくつか誕生しています。

光子は、他の量子と比べて「変わり者」の量子です。光は大気中でもほとんど弱まることなくまっすぐ進んで遠くまで届きますよね。これは、光子が、私たちが日常過ごすような環境でも壊れにくいということを意味しています。このため、超伝導回路・イオン・半導体の方式で必要だった、低温に冷やすための冷凍機や真空の容器は不要で、圧倒的に扱いやすいのです。また、光は現在でも光ファイバを使ったインターネット通信に利用されている通り、情報をやりとりするのに向いています。光で量子コンピュータを作れば、光子をそのまま光ファイバに通すだけで、他の光の量子コンピュータと情報をやりとりできるのです。これに対して、他の方式の量子コンピュータ間で通信をするには、量子ビットの情報を一度光へと移してから情報を送る必要があるため一苦労です。さらに、光は高速データ通信に使われていることからわかる通り、情報を早く処理するのに向いています。つまり、1回1回の演算が高速で行える量子コンピュータが作れる可能性もあるのです。

光は空間を振動しながら進む波です。この波の振動の向きが縦ならば「0」、横ならば「1」とすれば、光子1個で量子ビットが表現できることになります（**図14上**）。光子の量子ビットは、超伝導回路・イオン・半導体の量子ビットと違って、一か所にとどめておくことができず、常に光の速さで進んできます。そこで、**図14下**のように、光子の進む道に沿って様々な部品を置き、光子の波の振動の向きを変えたり、光子と光子を出会わせて干渉させたりして計算を行います。最後に、光子検出器を使って光子の波の振動の向きを測ることで計算結果を読み出します。

図14 光方式の量子コンピュータ

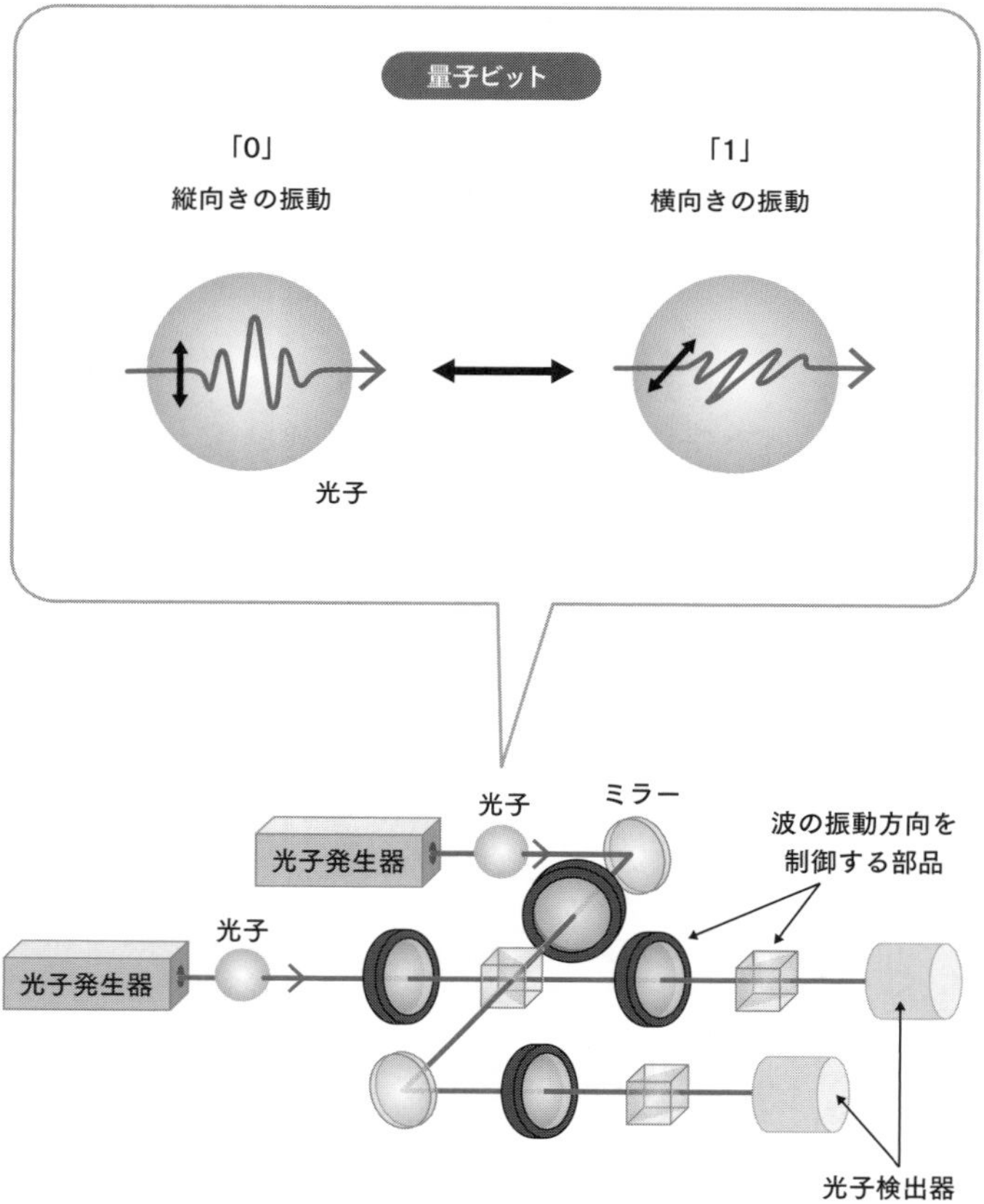

量子コンピュータ開発の初期の頃の実験では、光子を使った方式がメジャーな方式の1つでした。これは、光子1個を作ったり、操作したり、測ったりする技術の成熟が比較的早かったためです。一方、光の量子コンピュータが苦手なことの1つは、2個の量子ビットの間の演算（量子版XORなど）です。2量子ビット間の演算を行うには、片方の光子の「0」と「1」の状態に応じてもう片方の光子の「0」と「1」の状態が変わるような動作をさせる必要があります。これには、光子と光子が意思疎通し合うような連携プレーが必要です。しかし、光子と光子は空中でぶつかってもお互いを無視して素通りしてしまうくらい個人プレー志向で、連携プレーが苦手なのです。現在、2量子ビット演算は確率的に行う特殊な方法で代用されており、確実に行うための方法が研究されています。光方式の他の問題としては、光子が様々な部品の中を進む途中で、何かに吸収されたり、あらぬ方向に飛んで行ったりして、量子ビットが消えてなくなってしまうエラーがあることです。この理由もあり、光方式の演算の精度はまだ不十分です。こういった問題を解決するために色々なアプローチで研究が進められています。私たちのアプローチについては、第6章でお話しすることにしましょう。

## ◆量子コンピュータのこれから

以上で紹介した4つの方式以外にも、様々な方式で量子コンピュータの研究が進められています。例えば、ダイヤモンドの結晶中の電子や原子を使うものや、マヨラナ粒子という特殊な粒子を使うトポロジカル量子コンピュータなどが有名です。しかし、いずれもまだまだ基礎研究の段階と言えます。

一見すると、現在の量子コンピュータ業界は超伝導回路の量子コンピュータが優勢と見えます。しかし、どの方式にも技術的課題があり、長期的に見るとどの方式が「本命」かはわからない、ということが理解していただけたのではないでしょうか。「私たちの生活を変えるような量子コンピュータは何年後にできますか？」と聞かれることもしばしばあります。しかし、「本命」がどの方式かまだわからない上、未解決の課題がたくさんあるため、何年後と予想するのはほとんど不可能に近いでしょう。数十年以上かかる可能性もあれば、ある日突然とんでもない技術が発明されて、実現がぐっと近づくことだってあり得るのです。今後も量子コンピュータ開発からは目が離せません。

## コラム 実際に量子コンピュータを使ってみる

この本を読んでいるあなたも、リアルな量子コンピュータを今すぐ使ってみることができます。IBMが2016年に公開した「IBM Q Experience」というサービスを利用すれば、インターネットを通じて誰でもIBMの超伝導量子コンピュータを動かせるのです。どの量子ビットにどのような演算をどのような手順で行いたいかという命令を送れば、IBMが保有している超伝導量子コンピュータがその命令通りに動き、その結果を私たちに教えてくれます。夢のコンピュータが自分の手で動かせるとなると、ちょっとワクワクしませんか？　5量子ビットの量子コンピュータまでなら、誰でも無料で利用できますので、物は試し、一度使ってみてはどうでしょう？　ちなみに、このサービスのホームページは全て英語です。しかし、検索すれば日本語で使い方を説明したページも出てくるので、英語が苦手な方はそちらを参照すると良いでしょう。また、実際にこの量子コンピュータを使いこなすには、この本の知識だけでは不十分です。量子ビットや量子論理演算についての数学的な扱いについて、あらかじめ他の書籍で勉強すると良いでしょう。

ざっくりと、「IBM Q Experience」の雰囲気を紹介しましょう。まず初めにトップページにアクセスします（https://www.research.ibm.com/ibm-q/technology/experience/）。初回はアカウントを登録する必要があります。登録できたらログインします。「Circuit composer」を選択すると、**図15**のような画面が現れます。この画面の下側には、5個の量子ビット（q[0]～q[4]）に相当する、5本の線が描かれています。行いたい演算や測定を**図15**の「Gates」や「Operations」のリストの中から選んで、5本の線の上に配置します。たったこれだけで、量子コンピュータの回路図の出来上がりです。計算実行ボタンを押すとこの回路図の指示がＩＢＭへ送られます。ＩＢＭでは、この回路図の動作を超伝導量子コンピュータチップに繰り返し実行させ、計算結果の分布を調べます。少し待つと、**図16**のような結果が見られるようになります。実際には、**図15**の回路図を描く代わりに、専用の言語でプログラムを書くこともできます。興味のある方は色々とチャレンジしてみると理解が深まるでしょう。

**図15** IBM Q Experienceにおける回路の作成

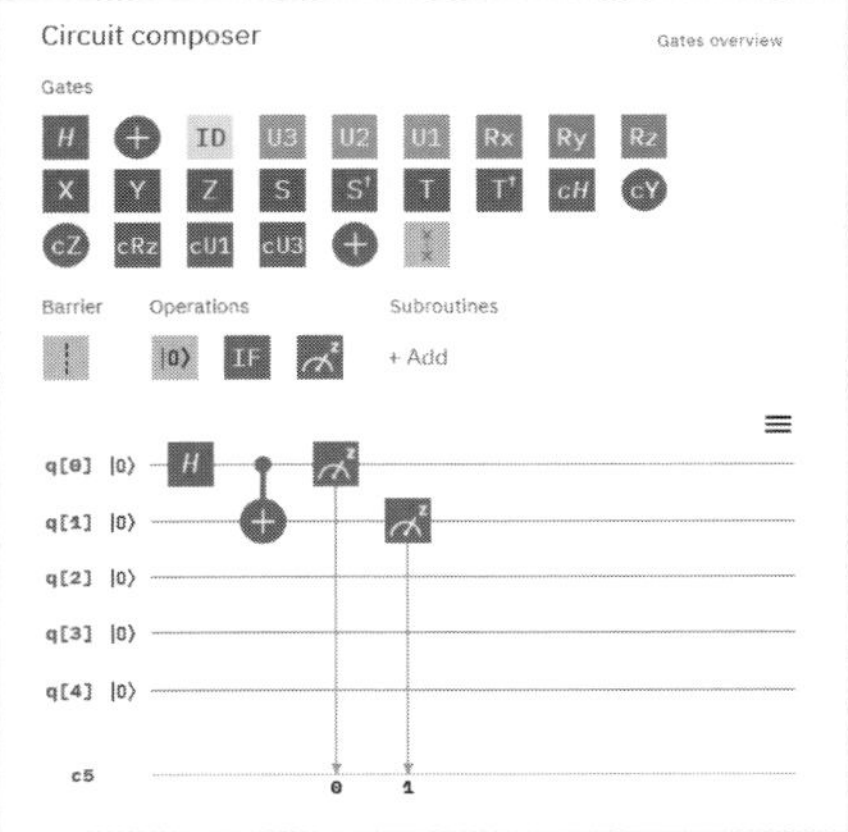


**図16** 実行結果の表示

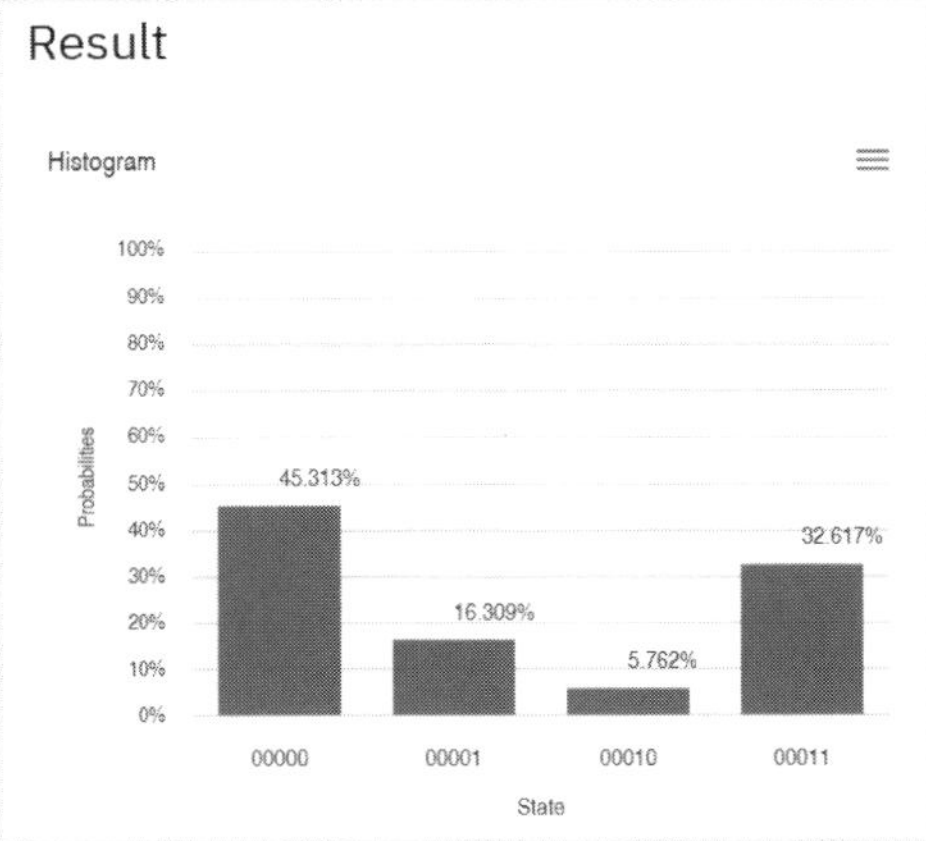

# 第5章のまとめ

◆量子コンピュータを作るのが難しい理由は、デリケートな量子一つひとつをあらゆる邪魔者から守り、限りなく正確に操る必要があるからです。

◆現在の量子コンピュータは、まだ規模が小さくエラー訂正機能もありません。今後は規模もエラー率も何桁も改良していき、エラー訂正の機能を備えた量子コンピュータを目指していく必要があります。

◆代表的な方式として、最も主流で研究が進んでいる超伝導回路方式、それと肩を並べるイオン方式、集積化に向いている半導体方式、独特な利点を持つ光方式などがあり、どの方式にも一長一短があります。

◆量子コンピュータ開発は「まだスタート地点」であり、未解決の課題もたくさんあります。まだどの方式が「本命」か判断することは難しく、今後どう進歩していくかも予想できません。

第6章

# 光量子コンピュータ開発現場の最前線

## ◆量子コンピュータ開発の真実とは？

いよいよこの本の最後の章となりました。この章では、私自身が進めている量子コンピュータの研究開発の内容を紹介しながら、研究開発の最前線のリアルな雰囲気を皆さんにお伝えしたいと思います。これは、実際に量子コンピュータ開発に携わっている私だからこそ、皆さんにお話しできることだと思っています。「量子コンピュータ」という言葉の洗練されたイメージとは裏腹に、決してスマートとは言えない地味で泥臭い研究開発の現場が見えてくることでしょう。

第5章では、超伝導回路・イオン・半導体・光などの様々な方式で量子コンピュータ開発が進められていることを紹介しました。多少なりとも、どういう仕組みで、どんな装置を使って開発がされているかというイメージを持っていただけたのではないかと思います。どの方式にもまだまだ技術的な課題が山積みです。そう伝えたとしても、皆さんは、「課題があるといっても世界中の研究者がなんとか解決できるレベルなのだろう。しばらくすればもっと良い量子コンピュータが世の中に出てくるに違いない。」と期待することでしょう。

しかし、本当の研究現場を一度ご覧いただければ、現実はそれほど甘いものではないことが見えてきます。量子コンピュータの開発は、「気合いを入れればなんとかなる」という類のものではないのです。そもそも、すでに実現している小規模な量子コンピュータでさえ、ここまでできるようになるには何十年にも渡る技術の積み重ねがありました。現在も、生の研究開発現場は一歩先も見えない状況です。やり方を変えては失敗する、という作業を繰り返して、地道に解決の糸口を探しています。解決の糸口が見つからずに八方ふさがりになることだってあるのです。こう聞くと、量子コンピュータ開発は耐え難い苦行のように思えるかもしれません。しかし、実際の研究者や技術者は、むしろこういった山のようなパズルを楽しみながら解き進めているものです。量子コンピュータ開発は、そのように研究者がパズルを解くたびに一歩一歩着実に前進していくのです。

## ◆私が光量子コンピュータの研究を始めたきっかけ

私は現在、光方式の量子コンピュータの研究開発に携わっています。私がこの研究分野に足を踏み入れたのは、2009年のことです。当時の私は東京大学工学部物理工学科の4年生で、研究室選びという重要なイベントを控えていました。研究室選びの中で、私は古澤明教授の研究室の実験室を見学しました。古澤明教授は、「量子テレポーテーション」と呼ばれる摩訶不思議な現象を光を使って世界で初めて完全に実現したことで有名で、ノーベル賞候補との呼び声も高い教授です。古澤教授の実験室には、テーブルの上に一つひとつ手作業で並べられたたくさんのミラーやレンズ、それらを操作する様々な手作りの装置がずらりと並んでいました。その心をくすぐるゴチャゴチャしてメカメカしい装置群、そういった手作りの装置で量子の神秘の世界に迫れるというワクワク感。映画『バック・トゥ・ザ・フューチャー』に登場するタイムマシンに心をときめかせた少年時代を思い出すような感覚です。私はそういった単純な好奇心から、「こういう研究をしてみたい」と直感的に思ったのです。ですから、私はそもそも量子コンピュータがやりたいと思ってこの研究を始めたわけではありませんでした。また、当時は現在のような量子コンピュータ・ブームはまだ起こる前です。量子コンピュータ業界がこれほどまでに盛り上がり、ベンチャー企業が次々と立ち上がり、国家一丸となって実用化を目指すという現在の状況は、夢にも想像していなかったのです。

その後、私は実際に古澤教授の研究室に入り、光の量子コンピュータの研究開発にどっぷりハマっていくことになりました。私の初めのインスピレーションは正しく、やればやるほど研究が楽しくなっていったのです。また、量子力学だけでなく、情報科学、電気工学、光学といったあらゆる分野の知識を総動員して量子コンピュータを作るという研究に、大きなやりがいを感じました。それから現在に至るまで、大半の期間は光の量子コンピュータに関わる研究を行ってきました。量子コンピュータを作るには様々な方式がありますが、それぞれの方式について見聞きしているうちに、私は「オリジナリティのある、世界に負けない量子コンピュータを作るには光方式しかない」と確信したのです。現在、最も有力視されている超伝導方式やイオン方式の量子コンピュータ開発では、欧米が世界をリードしています。一方で、私たちは現在、日本発のオリジナルな光の量子コンピュータの実現法を見つけ出し、その開発を進めています。幸いにも、私は２０１９年10月に東京大学で自身の独立した研究室を持つ機会をいただき、今後もこの光量子コンピュータの研究を続けていくことを心に決めました。

以下では、まず私たちの行っている光量子コンピュータの研究の内容について少しお話しさせてください。その上で、実際の光量子コンピュータの装置がどのようなものなのか、実験室の様子をご紹介しながら、研究現場の雰囲気をリアルにお話ししようと思います。

## ◆光量子コンピュータの実現を可能にする新方式の量子テレポーテーション

まず、第5章で紹介した光方式の量子コンピュータを少し復習しておきましょう。光方式では、光の粒である光子1個で量子ビットの情報を表します。光子の通り道となる回路を作り、その中を光子が通り抜けると計算が行われます。光方式のメリットは、冷凍機や真空の容器といった特殊な装置が必要ないこと、高速で動作すること、また光を使った通信もできるということです。一方で、光方式の主なデメリットは、一部の演算（量子版XORなど）を行うことが難しく、確率的に行う方法しかないため、何度も演算を繰り返すような複雑な計算ができないということでした。

はじめに解決しなくてはならない課題は、この「一部の演算が難しい」という部分です。そこで、私たちは「量子テレポーテーション」を使って、この課題を克服する方法を見つけたのです。

テレポーテーションと聞くと、**図1**のように人間が地球から月へ瞬時に移動するような、モノの瞬間移動のイメージを連想する方が多いでしょう。映画や漫画では、そういったシーンもよく出てきますよね。このイメージがあるために、量子テレポーテーションもそう

図1 映画や漫画で登場するテレポーテーションのイメージ

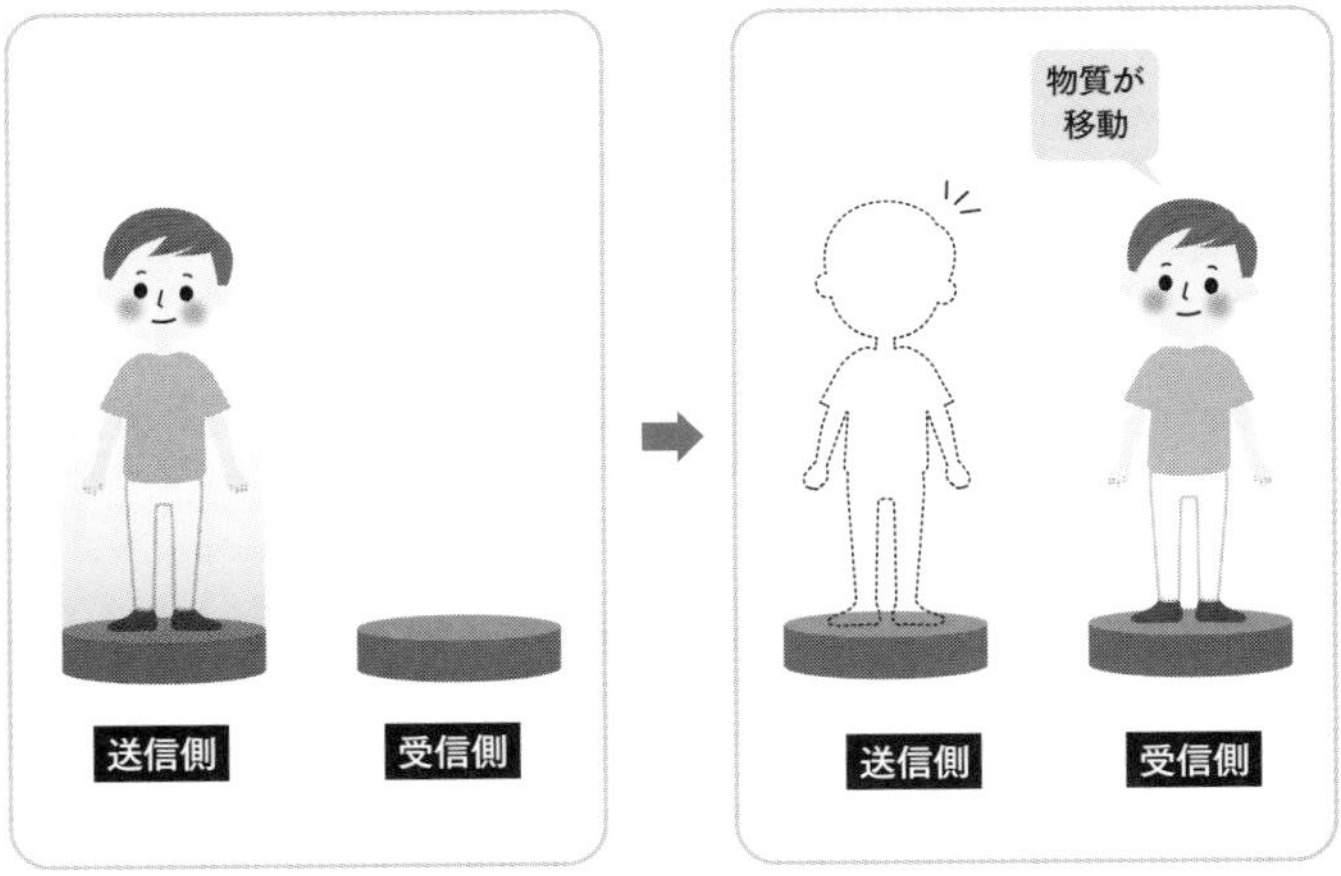


図2 FAXによる情報の移動

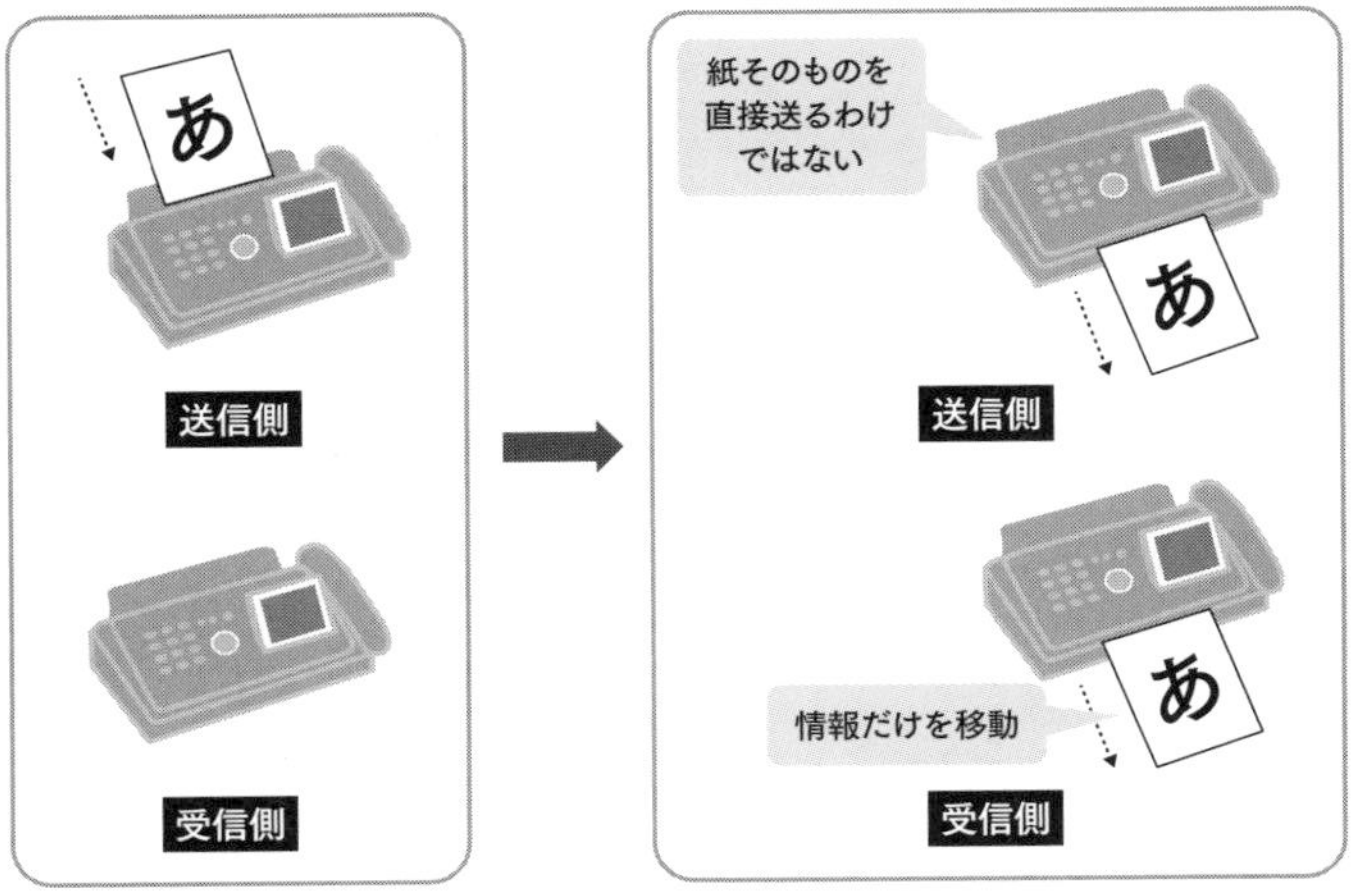

いう瞬間移動的なものだとよく誤解されます。しかし、残念ながらそうではありません。量子テレポーテーションは、モノを移動せずに、情報だけを移動する技術です。

ＦＡＸを思い浮かべてみてください。**図2**のように、ＦＡＸは紙に書かれた情報を遠くに送ります。このとき、紙というモノ自体を直接送ることはしません。情報だけを移動させて、離れた場所にある別の紙に書き写すのです。量子テレポーテーションは量子版ＦＡＸと思えば良いでしょう。**図3**のように、ある量子が持っている量子ビットの情報を、離れた場所にある別の量子に書き写すのです。ここで、通常のＦＡＸと量子テレポーテーションには１つ大きな違いがあります。通常のＦＡＸでは、はじめに紙に書かれていた情報は、送った後も送り手側に残ります。しかし、量子テレポーテーションで量子ビットの情報を送ると、情報の送り手側からはその情報が消えてしまいます。量子の性質上、こうならざるを得ないのです。このように、情報が送り手側で消えて、受け手側に現れる様子は、なんとなくモノがある場所で消えて別の場所に現れるテレポーテーションと似ています。このため、量子テレポーテーションという名前がつけられたのです。何とも誤解しやすいネーミングですよね。

古澤教授が量子テレポーテーションを世界で初めて完全に実現したのは、１９９８年の

図3 量子テレポーテーションによる情報の移動

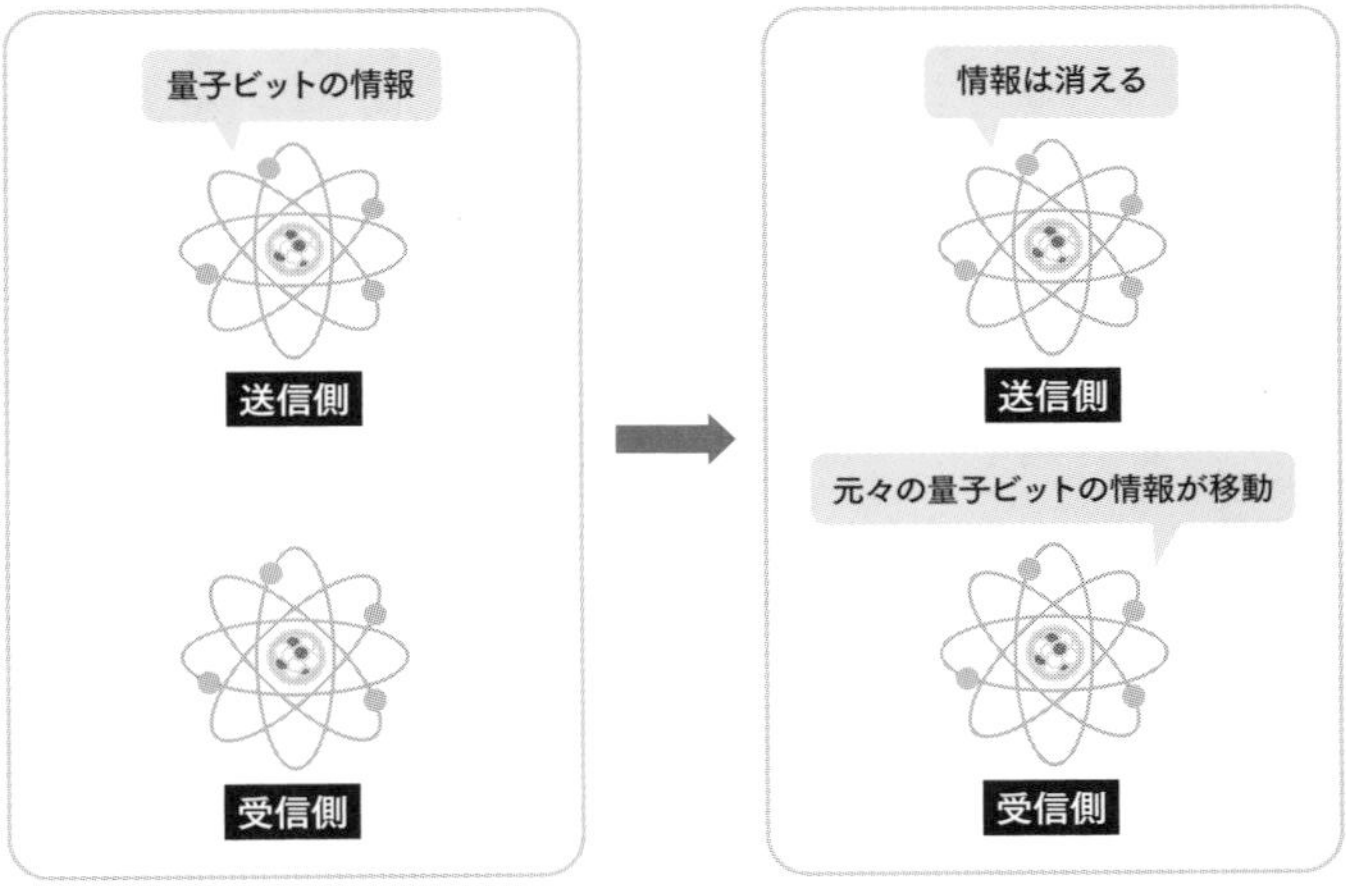


図4 量子テレポーテーションを使った演算

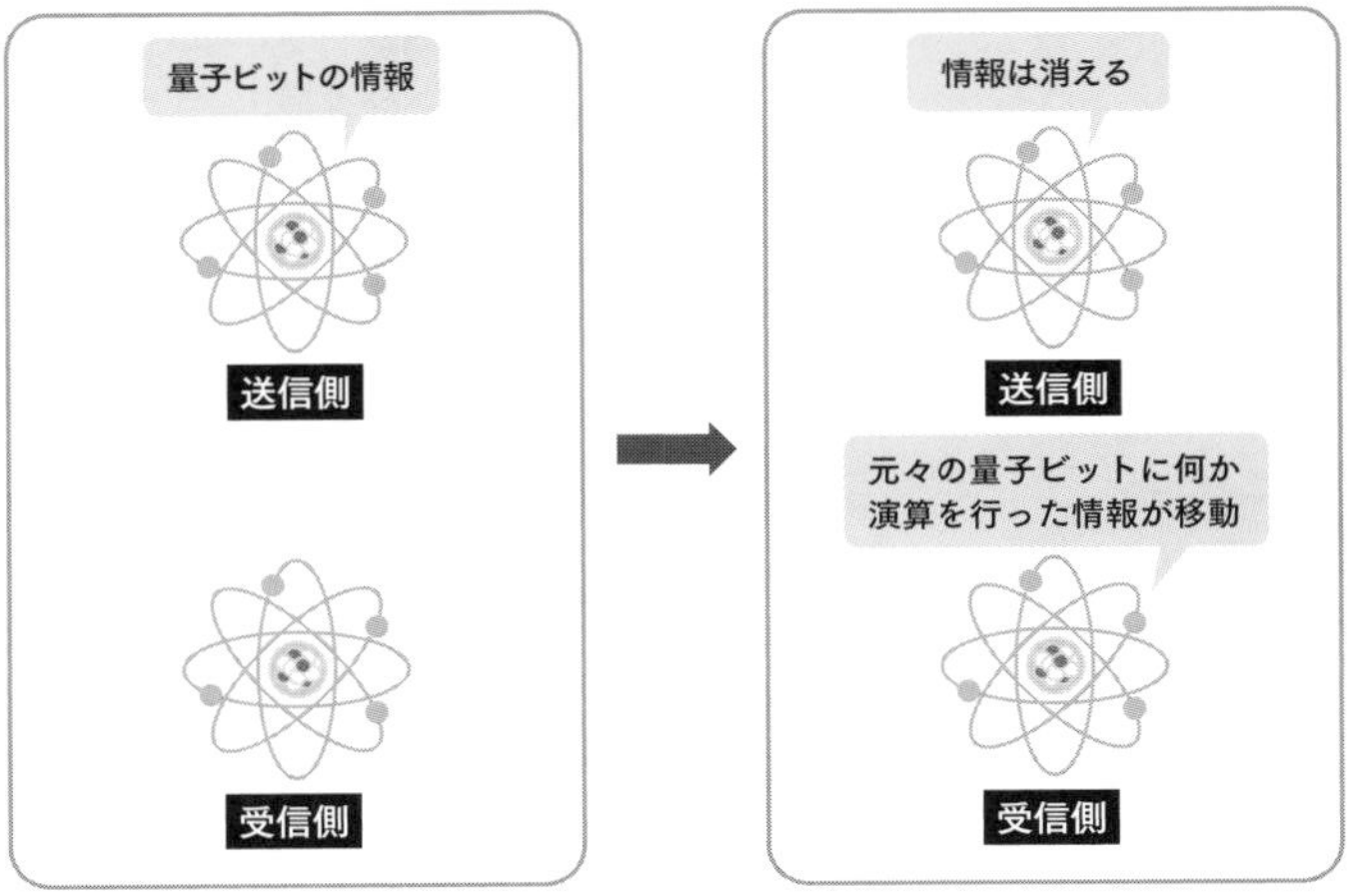

ことです。私たちは、この量子テレポーテーションの技術を量子コンピュータの演算に応用しようと考えました。本来の量子テレポーテーションは、単に情報をそっくりそのまま移動するだけです。しかし、少しやり方を工夫すると、図4のように演算を行いながら情報を移動することができます。つまり、元の量子が持つ量子ビットの情報に、量子版NOTや量子版XORなど何かしらの演算を行ってから、別の量子に移動することができるのです。このようにすれば、量子テレポーテーションは量子コンピュータの演算装置として使うことができます。

量子テレポーテーションを演算装置として使えば、光の量子ビットに難しい演算でも確実に実行できるようになるはずだ、と私たちは考えました。そこで、私たちは2013年8月に、それを可能にするような新しいタイプの量子テレポーテーション装置を世界で初めて実現したのです。

簡単に、何が新しかったかをご説明しましょう。ポイントは、光が粒と波の両方の姿を持つ「二重人格」であることを利用したという点です。光はもともと、空間を振動しながら伝わる波の一種であると考えられていました（図5左）。しかし、量子力学によって、光には光子という粒の性質もあることがわかりました（図5右）。第2章では電子が「粒でもあり、波でもある」ように振舞う2重スリットの実験について説明しましたが、光の量子である光子も振る舞いは同じというわけです。光の粒の人格と波の人格にはそれぞれクセがあり、それぞれ得意・不得意があります。光子の量子ビットを量子テレポーテーションする実験技術はすでに確立されていましたが、この方法は光子という粒の人格ばかりに頼っていたために、粒の人格が苦手なことはあきらめるしかありませんでした。この結果、量子テレポーテーションは100回に1回すら成功しない効率の悪い方法になってしまったのです。そこで、私たちは、光に情報を乗せるときは粒の人格の方に頼み、一方で光を操るときに

**図5 波と粒の両方の性質を持つ光**

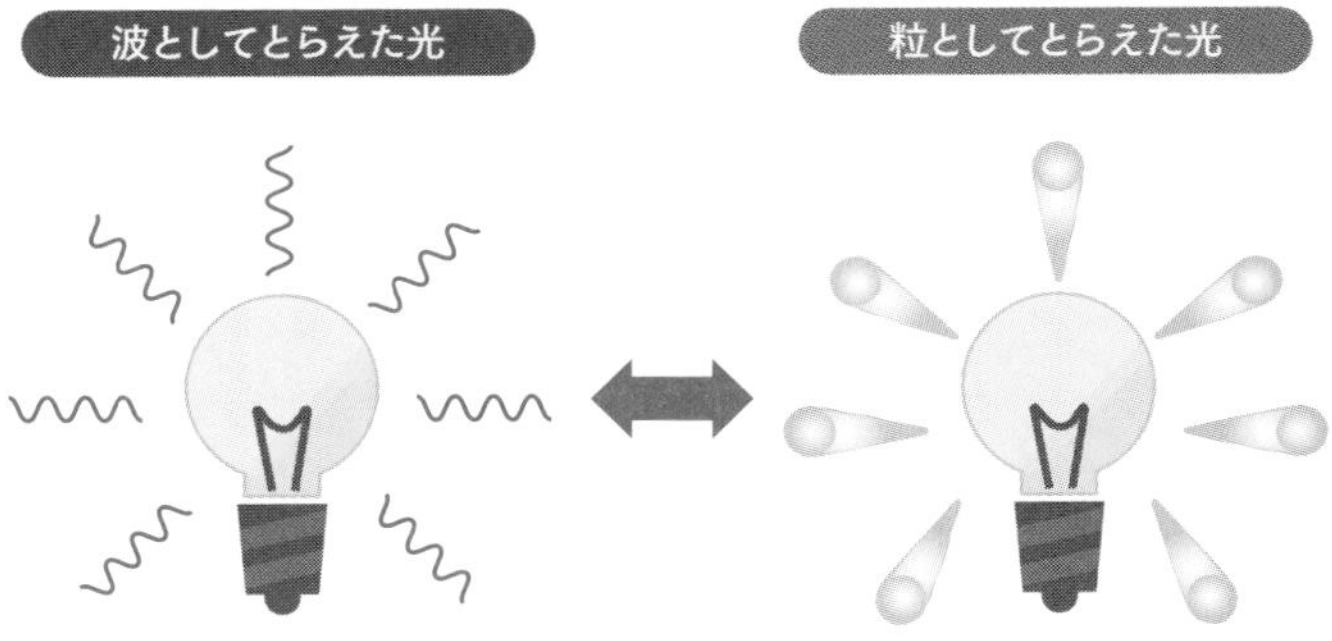

は波の人格の方に働きかけることにしました。これによって、光の「二重人格」の良い所取りができるようになったのです。この方法で、確実に成功する、新しいタイプの量子テレポーテーション装置が完成しました。これを演算装置として使えば、どのような演算でも確実に実行できるため、光量子コンピュータの「一部の演算が難しい」というデメリットを克服できるはずです。私たちは、実際にこの装置を使って、これまで難しいとされてきた2量子ビット演算を行う研究も進めています。その実現まで、あと一歩のところまで来ています。

## ◆ループ型光量子コンピュータ方式で大規模化を狙う

私たちは、量子テレポーテーション装置を使って光量子コンピュータで確実に演算を行う方法を見出しました。後はこの装置を使って何度も演算を行えば、どのような計算でもさせることができるでしょう。イメージとしては、**図6上**のように光子を使った量子ビットをたくさん並べて、たくさんの量子テレポーテーション回路で繰り返し演算を行っていけば良いわけです。これで光の量子コンピュータが完成、と言いたいところですが、実際

図6 光量子コンピュータの作り方

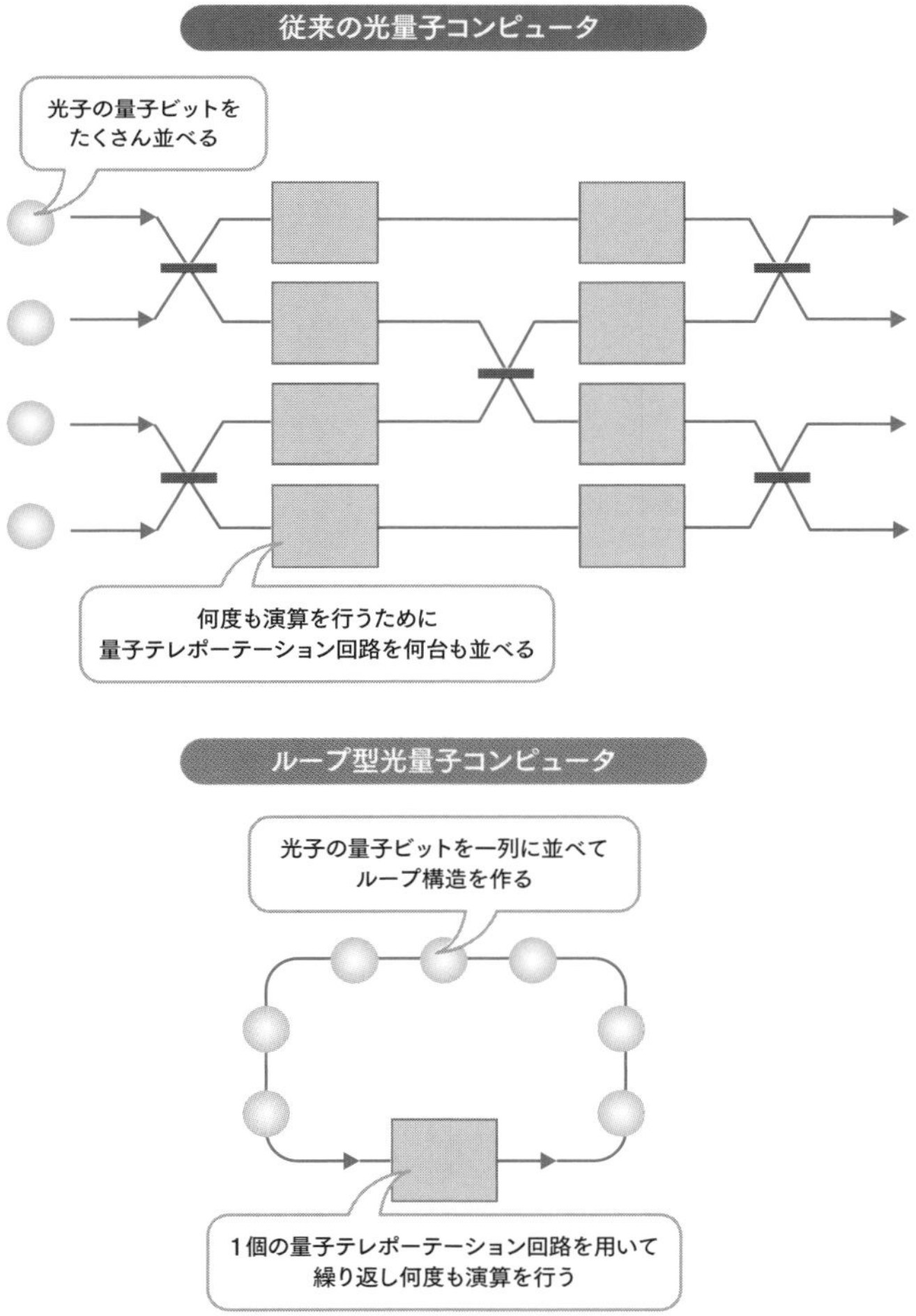
従来の光量子コンピュータ
光子の量子ビットをたくさん並べる
何度も演算を行うために量子テレポーテーション回路を何台も並べる
ループ型光量子コンピュータ
光子の量子ビットを一列に並べてループ構造を作る
1個の量子テレポーテーション回路を用いて繰り返し何度も演算を行う

はそうはいきません。後々ご紹介しますが、私たちが開発した量子テレポーテーション回路は、たたみ4畳ほどのスペースに、500枚以上のミラーなどの部品を並べて作っています。繰り返し何度も演算をするには、この装置が何台も必要です。第4章で紹介したようなグローバーの解法や化学計算をはじめとする様々な計算を行うには、東京ドームまるまる1個とか、ビル1棟とか、もしくはそれ以上の規模の装置が必要になるでしょう。それほどの規模の装置を作ってきちんと動かすのは、全く現実的ではありません。

そこで、私たちは2017年9月に「ループ型光量子コンピュータ」のアイデアを発明しました。**図6下**のように、たくさんの光子を一列に並べて1つの量子テレポーテーション回路を何度もループする構造を作るのです。これにより、1つの量子テレポーテーション回路を用いて、回数無制限で繰り返し演算を行うことができます。つまり、どれほど演算の回数が多い計算でも、たった1個の量子テレポーテーション回路を搭載した最小限の回路で実行できることがわかったのです。さらに、光ファイバーを使えば1キロメートル以上に渡る非常に長いループを作って、たくさんの光子を並べることができます。これで、多数の光の量子ビットを処理できる大規模な光の量子コンピュータのできあがりです。光ファイバーはぐるぐる巻きにしておけば大したスペースもとりません。この「ループ型光量子コンピュータ」のアイデアは、聞けば当たり前、と思うような「コロンブスの卵」です。しかし、このシンプルなアイデアのお陰で、大規模な量子コンピュータを作るために必要な部品の数やコストを大幅に減らせるようになったのです。

私たちはこの「ループ型光量子コンピュータ」のアイデアを思いついた直後から、実際にその開発に乗り出しました。2019年5月にはこの量子コンピュータの心臓部の開発にも成功しました。これによって、実際に1つの回路を繰り返し使えば、1000回以上に渡って演算を続けられるということが裏付けられたのです。この結果により、「ループ型光量子コンピュータ」の実現のめどが立ってきました。今後もこの開発をさらに進め、まずは小規模な量子コンピュータを試作して本当に思っている通りに動くかどうかを検証したいと思っています。さらに、それを大規模化していくための技術開発も進めていくつもりです。

一口に光方式の量子コンピュータといっても、「どのように光で情報を表し、どのような回路で計算を実行するか」というやり方は色々と考えられています。私たちが取り組んでいる新方式の量子テレポーテーションのテクニックやループ型光量子コンピュータのアイデアは、私たちによるオリジナルです。量子コンピュータ業界は近年とてもホットで、競争も激しいため、アプローチによっては他国の後を追う状況にもなりかねません。私たちは私たち自身が見つけ出したオリジナルの方法で、日本発・世界初の大規模な量子コンピュータを目指しています。

これまでの私たちの研究の積み重ねによって、ある程度、実用的な光の量子コンピュータへ向けた道筋が見えてきたのは確かです。山頂までの登り方すらもわからなかった険しい山に、登れるかもしれない有力なルートが浮かび上がってきた段階にあります。それでも、そのルートを登っていくのは簡単なことではありません。まだまだ、現在の手持ちの道具だけでは登るのが難しい箇所がいくつかあります。特に、最大の難所は第5章でも説明したエラー訂正の機能をきちんと組み込むことでしょう。現状の光量子コンピュータは、まだエラー訂正をきちんと行えるほどの規模にも質にも達してないのです。そういった課題を解決していくことの難しさは、今から実際の研究開発の現場をご紹介していくと、イメージできるのではないかと思います。

## ◆実際の研究開発の現場

専門的な研究内容の話はここまでにして、ここからは皆さんを実験室見学ツアーにご招待します。生の実験現場を知っていただき、量子コンピュータの開発はどういうレベルなのか、どういった苦労があるのか、何が問題になっているのか、量子コンピュータの現状をありのままに体感していただければと思います。また、そもそも研究開発とはどのように進めていくものなのか、馴染みのない方にはイメージしづらいことでしょう。そこで、研究を進めるときの臨場感もお伝えしたいと思います。

第4章でお話しした通り、量子コンピュータ開発の難しいところは、量子の性質が壊れやすいこと、また少しのノイズや誤差によっても計算がうまくいかなくなるということでした。光の場合も、光子が持つ量子の性質をできるだけ壊さず、高い精度で操作できるように実験装置を作りこむ必要があります。装置にどれくらいの精度が必要かをイメージするのは難しいと思います。**図7**のように、2つの光が半透鏡（半分通り抜けて半分反射するミラー）で出会って干渉するときのことを考えてみましょう。このとき、2つの波が出会った瞬間の山と谷のタイミングによって、強め合うか弱め合うかが変わります。光が山と谷を繰り返す1周期の長さは、1000分の1ミリ程度です。このため、強め合いや弱め合いの具合いは、片方の光の通り道の長さがその1周期のさらに100分の1程度、つまり10万分の1ミリ程度ずれただけでもかなり変わってしまいます。光の回路を作る上では、この程度の長さの精度で作りこむ必要があるわけです。さらに、実験装置が揺れたり、空気の流れがあったり、ミラーが少しずれたりしても命取りになります。私たちの実験装置では、こういった少しのずれも起こらないようにするための工夫があちこちに凝らされています。

それでは、実験室をご案内しましょう。私たちの実験室は、東京大学の本郷キャンパス、工学部6号館という建物の中にあります。この実験室は季節によらず常に20℃に保たれています。その理由は、実験に用いるレーザーにとって、これくらいの温度が適切だからです。また、温度が変わると物質は伸びたり縮んだりするということを

図7 光の量子コンピュータに求められる精度

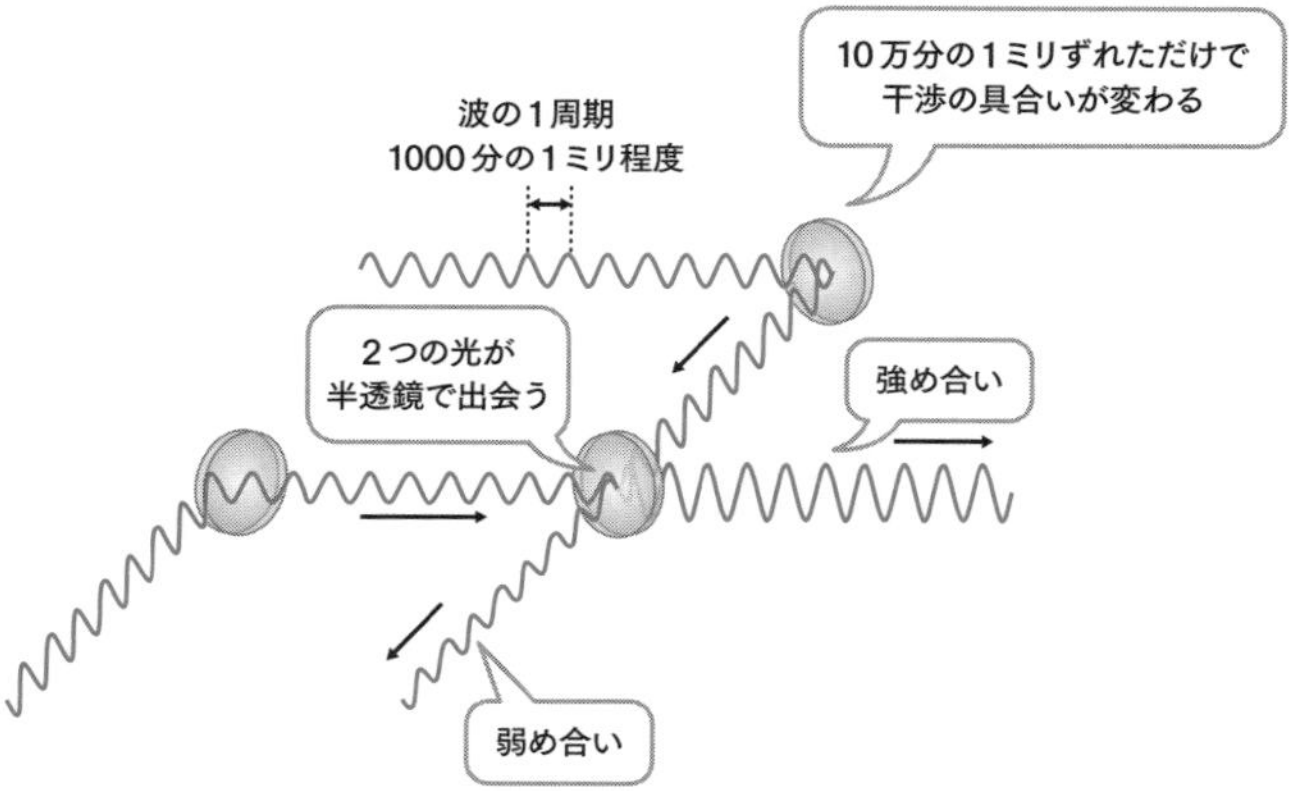

知っていますか？　私たちの実験装置は、温度が1℃変わっただけでも、あらゆる部品が微妙に伸び縮みして狂ってしまいます。このため、空調は24時間365日ほぼつけっぱなしです。

実験室の内部を図8に示しました。目に入るのは、大きな2つのテーブルです。このテーブル全体の写真は図9です。テーブルの大きさは、4.2m × 1.5m。たたみ4畳ほどの大きさです。光量子コンピュータの開発は、このテーブルの上で光の回路を作ることで行います。このテーブルは、たわみが少なく、振動が伝わりにくい、実験用の特別なテーブルです。さらに、実はこのテーブルは空気の圧力で宙にプカプカと浮い

図8　実験室の概要

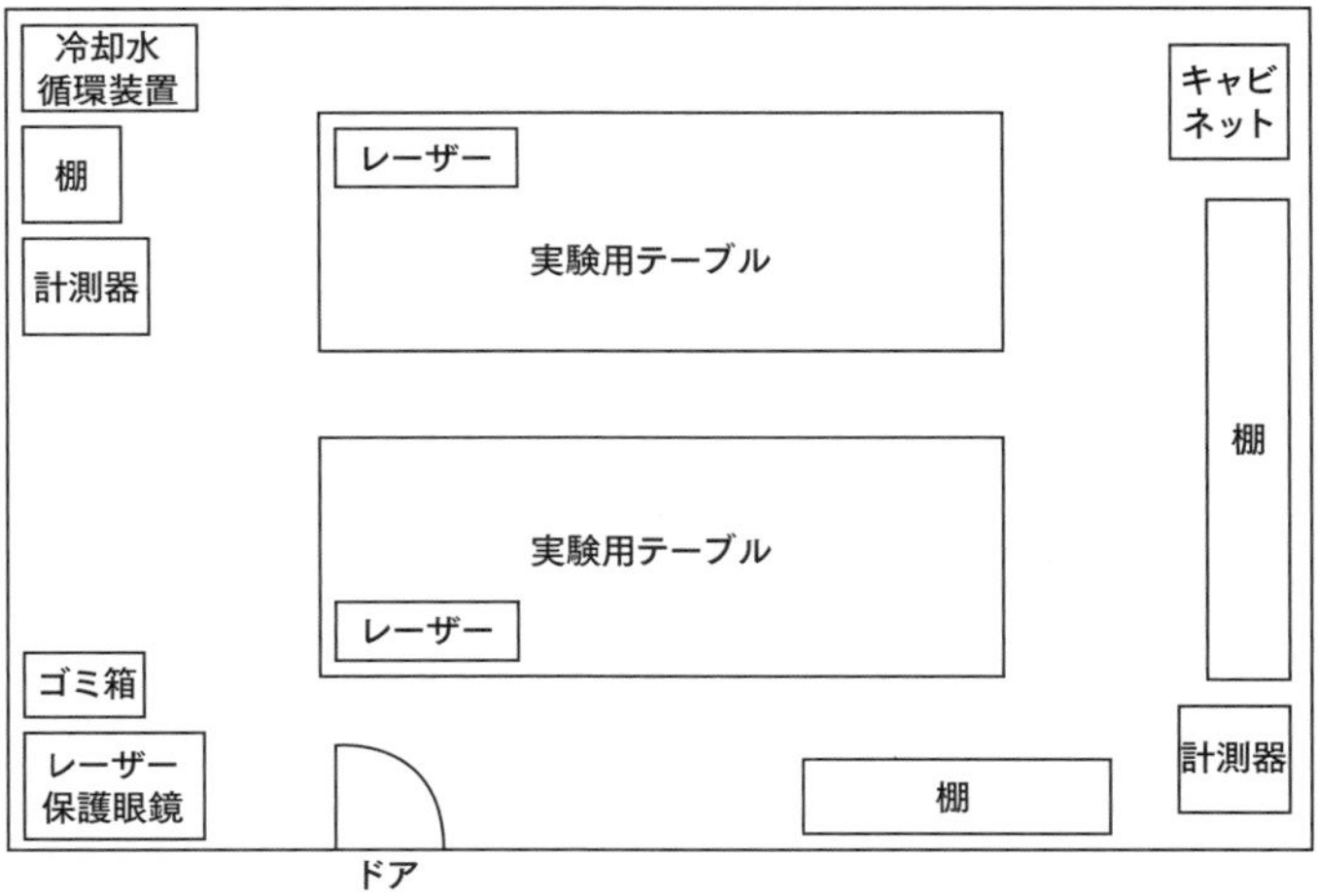

ています。これは、地面の振動がテーブルに伝わらないようにするためです。地震が起こってもビルが大きく揺れないよう、ビルの土台の部分が工夫されているのと似た仕組みです。このようにして、できるだけ振動のない実験環境を整えてあげる必要があるのです。

### ◆テーブルの上に作りこまれた光回路

テーブルの上をもっとクローズアップして見た写真が**図10**です。そこには、光量子コンピュータの光回路が組み立てられています。この回路の中で、光子1個を作り出して、計算を行っています。この光回路全

**図9** 実験用テーブル全体像

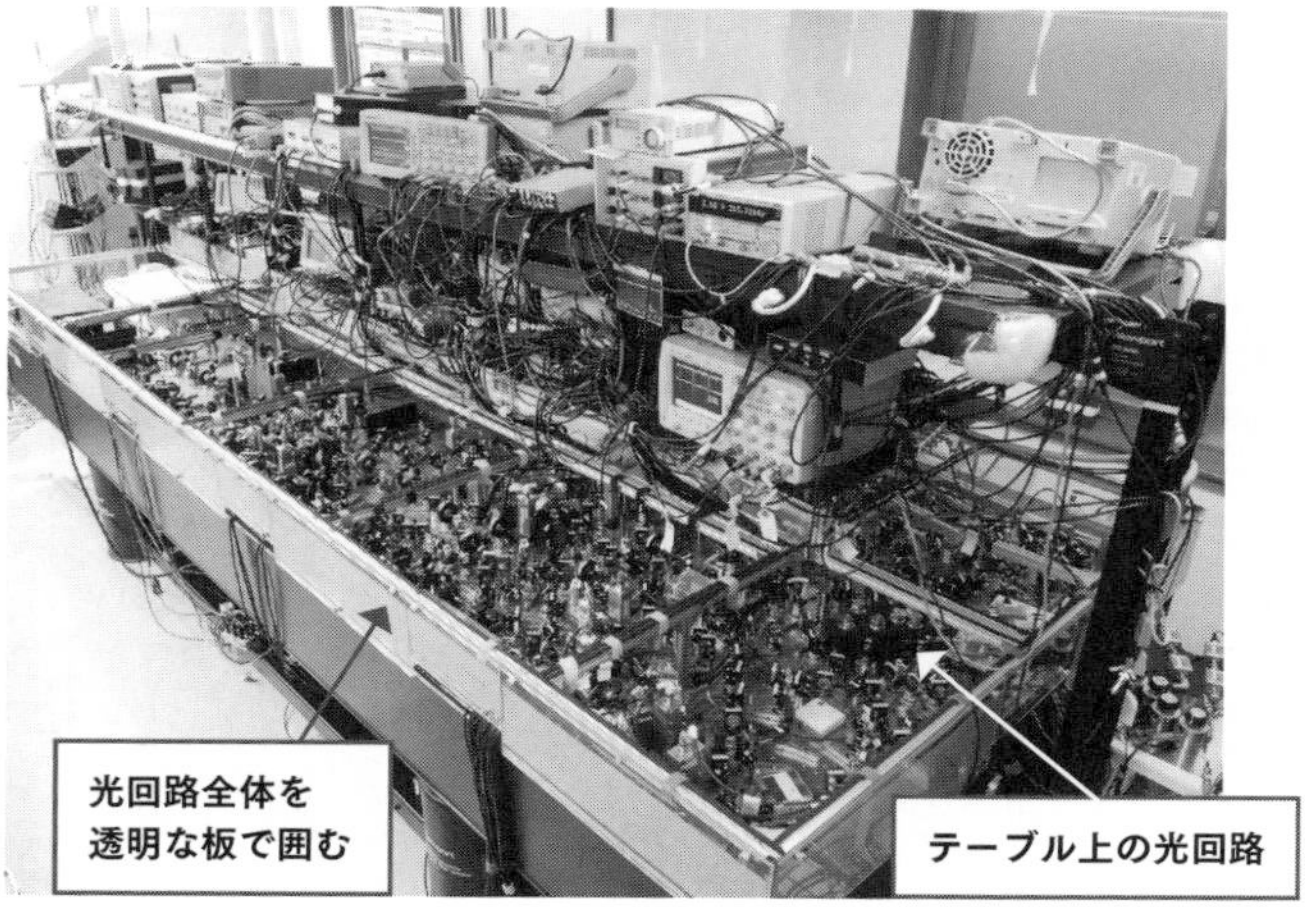

体は、宝石店のショーケースのように透明な板で囲まれています。これは、空気の揺れの影響をなくすためです。室温を保つための空調が吹き出す風によって光の通り道が揺れるのを防いでくれます。

全ての光は、1台のレーザー光発生装置からやってきます。これは、レーザーポインターの大きなバージョンと思ってください。ここから出た光を、折り曲げたり、分岐させたり、再び出会わせたり、もしくは特殊な結晶に当てて光子を作ったりして、光の回路を作るのです。レーザーポインターには、赤色の光を出すものや緑色の光を出すものがありますが、私たちの実験では、赤外線と呼ばれる、赤色に近いけれどぎり

図10 テーブル上の光回路の様子

ぎり人間の目には見えない色のレーザーを使っています。

レーザーポインターの光は、何もしなければ壁にぶつかるまで真っすぐ進みますよね。従って、光の回路を作るには、光を折り曲げるたびに、ミラーで反射させなければなりません。このため、テーブルの上には、たくさんのミラーが所狭しと並べられています。ミラー一つひとつは、**図11**のような傾き調整用のノブが付いたホルダーに固定して、テーブル上に設置していきます。**図9**や**図10**に示したのは、2013年に私たちが開発した量子テレポーテーションの実験装置です。この装置に必要なミラーなどの部品の数は、合計500個以上。それ

**図11** ミラー

を、一つひとつ手作業で並べ、ノブで微調整していきます。これまでにない新しい光回路を開発するわけなので、全て人間が手作りで組み立てるしかないのです。適当に並べていくと、テーブルの上のスペースがなくなってしまいますので、あらかじめコンピュータを使ってどの位置にミラーを置くかを設計しながら並べていきます。ミラーの位置や角度は、極めて高い精度で調整しなくてはなりません。従って、この組み立てにはかなりの忍耐と根性が必要です。

ミラーにも特注品の高品質なミラーを使わなくてはなりません。私たちが日常的に家の洗面台などで用いるミラーの反射率はせいぜい90%ほどです。つまり、10%の光は、反射せずに消えてしまうのです。日常生活ではこれで支障がありません。しかし、このようなミラーで光量子コンピュータの回路を作ってしまうとNGです。ミラーに当たるたびに光子が10%の確率で消えてなくなってしまうからです。情報を持っている光子が消えてしまったら、計算はそこで失敗です。そこで、できるだけ高い反射率（99.9%以上）を持つミラーを特注で作ってもらっています。完全に反射率100%にはできないので、使用するミラーの枚数をできるだけ減らすという設計の工夫も必要です。それでも、合計数%くらいの光子の損失は避けられないというのが現状です。

**図12**は1粒の光子を作る装置です。縦・横が1ミリメートルで、長さが10ミリメートルの特殊な結晶をミラーで囲み、この結晶にレーザー光線を当てることで光子を作り出すことができます。この装置のパーツも一つひとつ手作りで、金属のかたまりをガリガリと削って加工して作っています。
ちなみに、実験室の中には、蛍光灯の光や、パソコンのディスプレイの光など、あらゆる場所から大量の光子が飛んできています。そういった光子が、計算に使いたい光子の邪魔をしないような工夫もしなくてはなりません。特に、光子1個1個を測る装置を使う際には、余計な光子が混ざってこないように光回路の一部を黒い幕で囲ったり、

図12 光子を発生させる装置

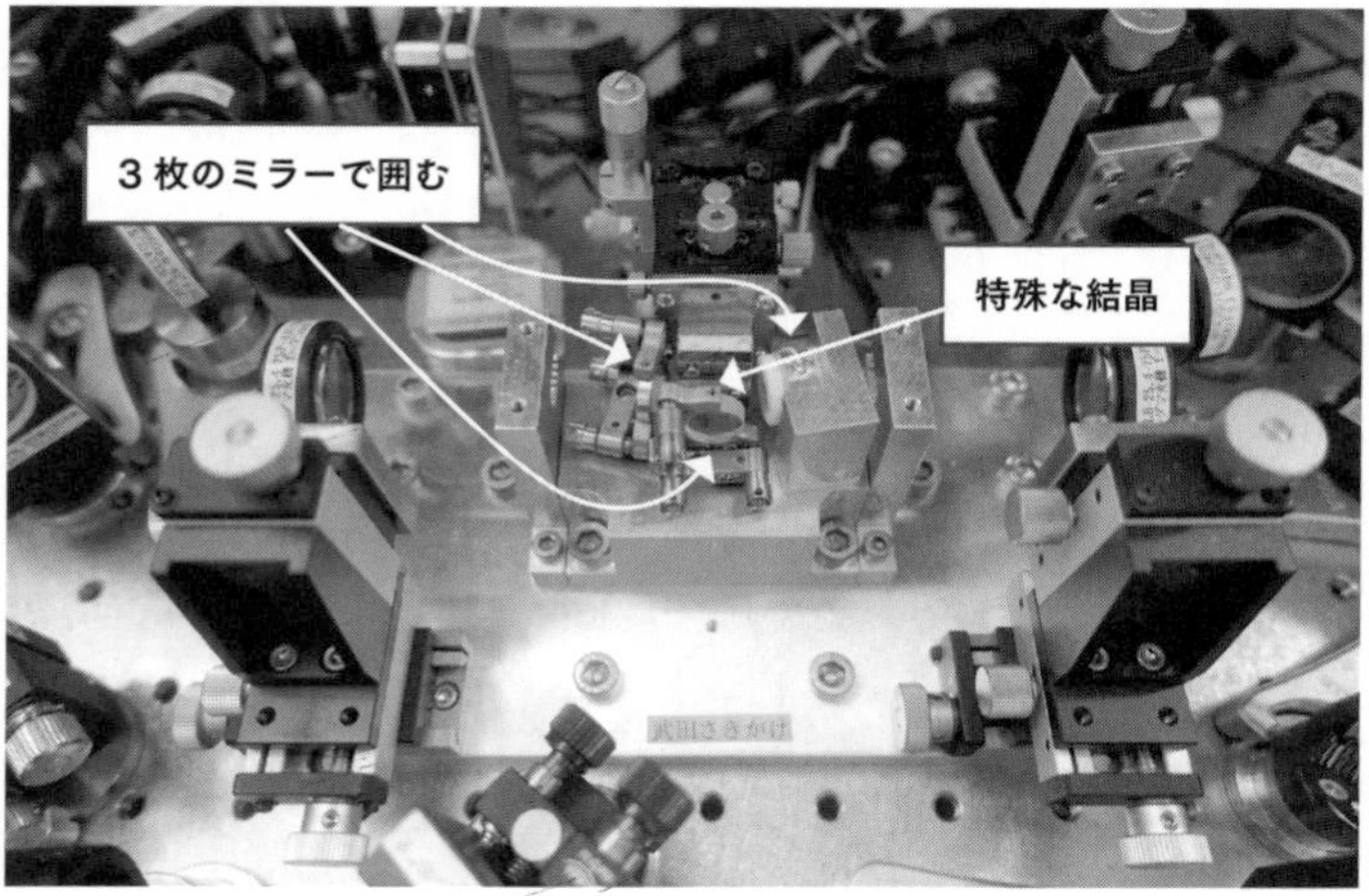

部屋の照明を切ったりしています。

## ◆光回路を安定に制御する

これだけ光回路を作りこんだとしても、どうしても色々なずれが起こってきます。温度の変化や、振動、空気の揺れなどは、完全にゼロにすることはできないからです。そこで、光回路には、自動でずれを補正するような仕組みも取り入れられています。ずれを検知する装置が、レーザー光線の通る位置や、光の通り道の長さを常に見張ります。少しでもずれがあったら、そのずれを打ち消すように光回路を自動で調整し直すのです。このような工夫によってはじめて、10万分の1ミリのずれも起こらなくなり、光量子コンピュータがまともに動くようになるのです。テーブルの上部には、**図13**のように光回路の調整を行うためのさまざまな装置がずらりと並んでいます。実際に光回路を動かして、計算を行う際には、こういった自動調整機能を全てスイッチオンにした上で、部屋を真っ暗にし、声や物音を立てないように静かにします。それだけ工夫しても、2013年に私たちが実現した量子テレポーテーションの装置の精度は約80%です。小さなずれや光子の損失が積み重なって、合計20%ものエラーがあるのです。

光回路をコンパクトにすれば、こういったエラーを小さくできる可能性があります。このため、私たちは光回路をチップ化する研究も進めています。チップの写真を**図14**に示します。テーブルの上にミラーなどの部品を一つひとつ手作業で置いて光回路を作る代わりに、こういった小型のチップに光の通り道を書き込んで光回路を作るのです。しかし、これはまだ発展途上の技術です。光回路を作るために必要な部品の中で、チップの上で置き換えることのできるものはまだ限られている上、チップならではの様々なエラーが起こってしまうのが現状です。

**図13 光回路を安定に保つための電気回路**

一通り、光量子コンピュータの装置を紹介してきました。改めて装置を見ると、私たちが慣れ親しんでいる通常のコンピュータとはあまりに見た目が異なりますよね。「これが将来のコンピュータ?」と不思議に思うかもしれません。しかし、私たちが今使っているコンピュータだって、初期のものは**図15**のように大きな部屋いっぱいを占める巨大な装置でした。それが、技術の進歩によって、今ではスマホとして手のひらに乗るようになったのです。量子コンピュータも、現在はそのような初期のコンピュータと同じ状況にあるのです。

**図14** チップ化された光回路

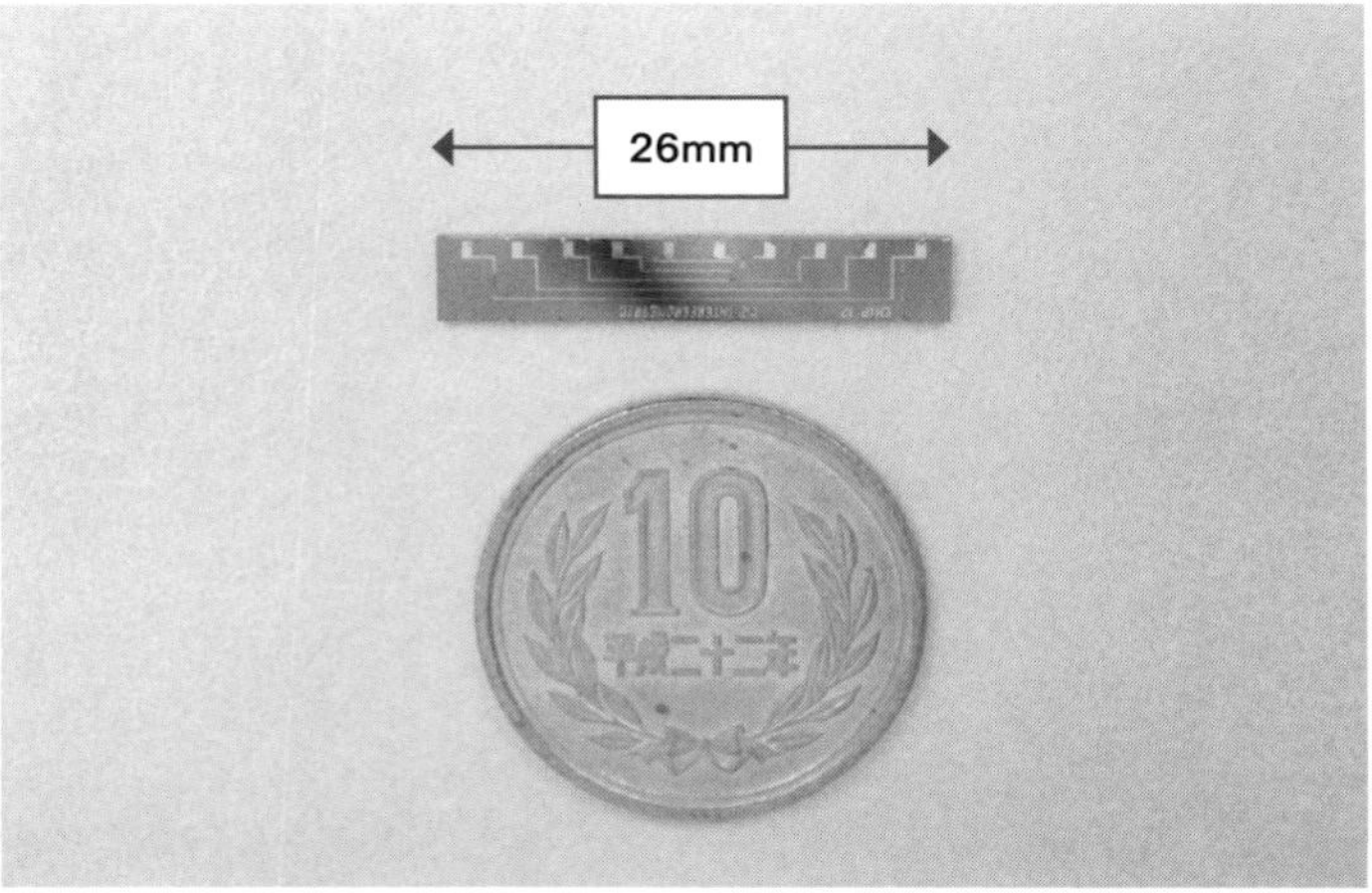

図15 初期のコンピュータ（ENIAC）

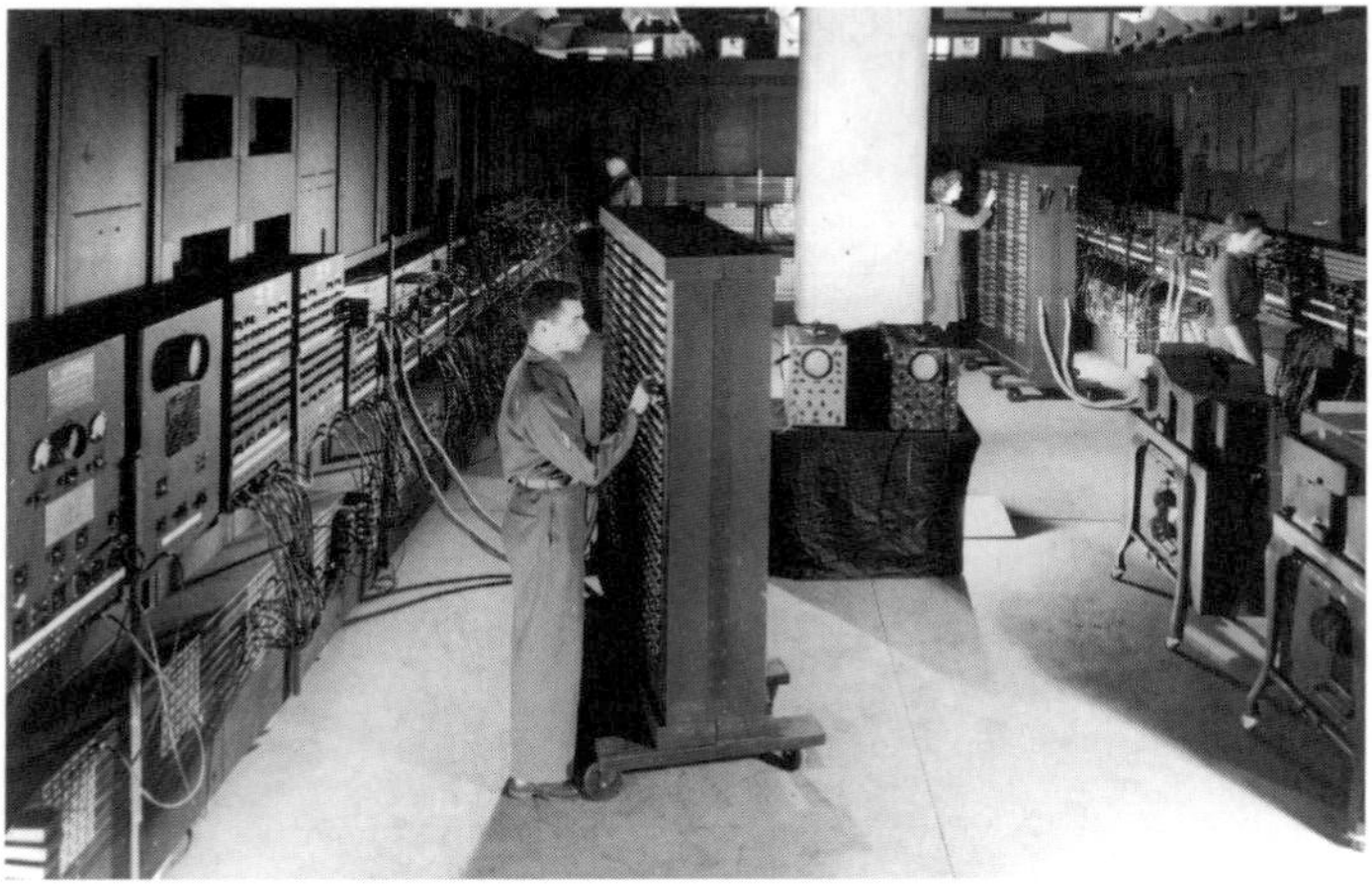

## ◆研究開発を行う心構え

光量子コンピュータの開発は、このように細部にまでこだわりつくして装置を作りこむ必要があります。必要な部品も、必ずしもどこかのメーカーが販売しているとは限りません。ときには、メーカーに無理を言って特注品を作ってもらったりします。ときには、自ら金属を削ってパーツを作ったり、電気回路を手作りしたりもします。

このように、自らの手で必要なパーツをカスタマイズし、チューンナップして使いこなして初めて、世界と戦える量子コンピュータの装置を作ることができるのです。

こういったモノ作りは、失敗も山ほどあ

ります。「苦労して作った光回路では、精度が足りなかった」とか、「長い時間かけて作った試作品が、全く機能しなかった」なんてことはざらです。しかし、そういった失敗もある中で、工夫してモノ作りをしていくことに研究開発の醍醐味があります。それは、例えるならレゴブロックで好きな形を組み立てるような楽しさです。レゴブロックは、自由な発想で、好きに組合せて、車やお城など思い描く形を作ることができますよね。試しにブロックをはめてみて、これじゃダメだからやっぱりこちらのブロックにしようとか、やっぱりここは違う構造に変更しようとか、試行錯誤をするわけです。そういった苦労の中で、イメージ通りのものが完成すれば興奮するでしょう。光量子コンピュータ作りも同じことです。苦労もありますが、こういったモノ作りの楽しさを味わっているうちに、私も研究にハマっていったわけです。

研究開発には当然時間がかかります。私たちの研究室では、2~3名の大学生や大学院生でチームを組んで、1つのプロジェクトに取り組みます。研究のアイデアから始まり、設計、開発、評価を行い、1つの成果が生まれるのに半年から数年かかります。その一方で、世界は広く、同じような研究を行っている研究グループがどこかにいるかもしれません。毎日のように、インターネット上では量子に関する分野の論文だけでも何十本も公開されるのです。研究は1番乗りでなければ意味がありません。自分が目指している研究を、世界の他のだれかがやってしまったら、「負け」なのです。そういった中で、世界で流行っている研究や他の国の後追いとなるような研究で戦うのは得策とは言えません。だからこそ、私たちは、他に類のないオリジナルな方法で、光の量子コンピュータという「ダークホース」の開発を進めているのです。それに、私たちは、光の量子コンピュータができれば最強だと確信しています。冷凍機や真空容器は不要で、高速で動作し、さらには通信までできてしまうオールマイティな量子コンピュータになるわけですから。

## ◆現状の光量子コンピュータはまだまだである

私たちの光量子コンピュータの現状をありのままにお話ししてきました。おわかりいただけたと思いますが、現在の光量子コンピュータはまだ何か役に立つ計算ができるレベルではありません。私たちの研究の積み重ねにより、規模を大きくしていく道筋は見えてきました。それでも、現在では1個の量子ビットに演算を数回行うくらいの光回路を作るのでもやっとです。演算を行うために用いる量子テレポーテーションの回路も、現状では精度80

％というレベルです。第5章でお話しした通り、エラー訂正をするには「損益分岐点」を上回る99％以上の精度が最低限必要ですから、ほど遠いと言わざるを得ません。少しがっかりした読者もいらっしゃるでしょう。しかし、これが光量子コンピュータ開発の現実です。本当にこのまま進んで、精度が99％以上になるのでしょうか？ もしくは量子ビットの数を100万個ほどの数まで増やせるのでしょうか？ 未解決の課題は山ほどあります。

「本当にその調子で将来量子コンピュータが作れるのか？」と聞かれたとしても、現時点ではわかりません。しかし、私たちは「原理的にできないことが証明されない限り、どこかに道はあるはずだ」と信じていますし、「それだけ難しくてもやる価値のある研究だ」と思っています。それに、私たちは光量子コンピュータの課題を克服するためのアイデアをいくつも持っています。例えば、光チップをうまく作ると精度がずっと高まるかもしれません。光量子コンピュータ特有の新しいエラー訂正の方法が見つかれば、精度80％でもエラーが訂正できるかもしれません。量子ビットの数を増やすことで言えば、私たちが発明したループ型光量子コンピュータも、解決策の1つだと思っています。こういったアイデアを一つひとつ形にしていくことができれば、光量子コンピュータは今後劇的に成長し、最強の量子コンピュータになるポテンシャルも持っています。私は光の量子コンピュータこそが将来の「本命」であると信じて、その研究を進めています。

## ◆量子コンピュータのこれから

現在の光量子コンピュータは「まだまだ」だとお話ししてきましたが、「まだまだ」なのは何も光量子コンピュータに限ったことではありません。度合いに差はありますが、他の方式も「まだまだ」であり、それぞれの課題に直面しているのです。しかし、きっと解決策があると信じて、研究者は目の前の問題に取り組んでいます。量子コンピュータを作るという目標はあまりに難しすぎて、到底、1つの研究チームだけでできるものではありません。世界中の誰かが1つ課題を解決すれば、その知識を皆が共有し、人類は確実に一歩前に進むのです。そうやって、色々な知識を辛抱強く積み重ねていけば、いつかは量子コンピュータができるはずだと信じて、研究を進めているのです。

量子コンピュータの開発を進めるには、その装置そのものを作る研究だけでは不十分です。現代のコンピュータも、人間の解きたい問題をコンピュータの装置できちんと解いてもらうためには何ステップもの作業が必要です。まず、問題をどういう手順で解くかという解法を考えます。次に、人間がその解法をコンピュータに実行してもらうための指示書（プログラム）を書きます。コンピュータはその指示書を2進数を使ったコンピュータの言葉に翻訳します。さらに、実際の装置の動作上の制約も考えながら、エラー訂正も行いつつ計算を実行する具体的な手順を考えます。これでようやく、実際の装置、つまりトランジスタなどを動かして計算させることができるのです。量子コンピュータも、最終的に全体をきちんと動かすためには、こういったステップ一つひとつの研究開発がまだ不十分です。世界中の様々な分野の専門家が一丸となって、これらの問題に取り組んでいく必要があるのです。

量子コンピュータの研究開発は、険しい山を登り始めたばかりです。私たちの暮らしを変えるようなフルスペックの量子コンピュータが完成するには、あと何年かかるかわかりません。それでも、20~30年前には誰もが「夢物語」だと思っていた量子コンピュータが、これまでの技術開発の積み重ねによって、今日ではある程度形になってきたのです。次の数十年でも、きっと予想以上の進歩を遂げることでしょう。量子コンピュータは、1個1個の課題をある程度のレベルまで解決できれば必ず実現できるという十分な根拠がありますし、実現すれば、私たちの暮らしをガラっと変える力を持っていることも確かです。そういったワクワクするような未来の装置を、自らの手で作り出せるかもしれない。そういった夢とロマンを追い求め続けられること、それが研究者という仕事の醍醐味なのだと思います。

## コラム 光の量子が活躍する未来

光量子コンピュータの研究開発について紹介してきましたが、光の量子の性質を使うと性能が上がるのはコンピュータだけではありません。光の量子の性質を活かすことで、これまでより便利な情報社会を実現するための様々な研究が世界中で行われているのです（図16）。

その1つが暗号技術です。現在のインターネット通信では、他人に盗聴されても通信内容がわからないように、情報を暗号化してやりとりしています。しかし、すでにお話しした通り、量子コンピュータができると現在の暗号は破られてしまうことがわかっています。そこで、光子の性質を使って、量子暗号と呼ばれる「原理的に破られることのない」新しい暗号を作るのです。この暗号は、量子が「測定すると重ね合わ

## 図16 光の量子の性質を使った様々な応用分野

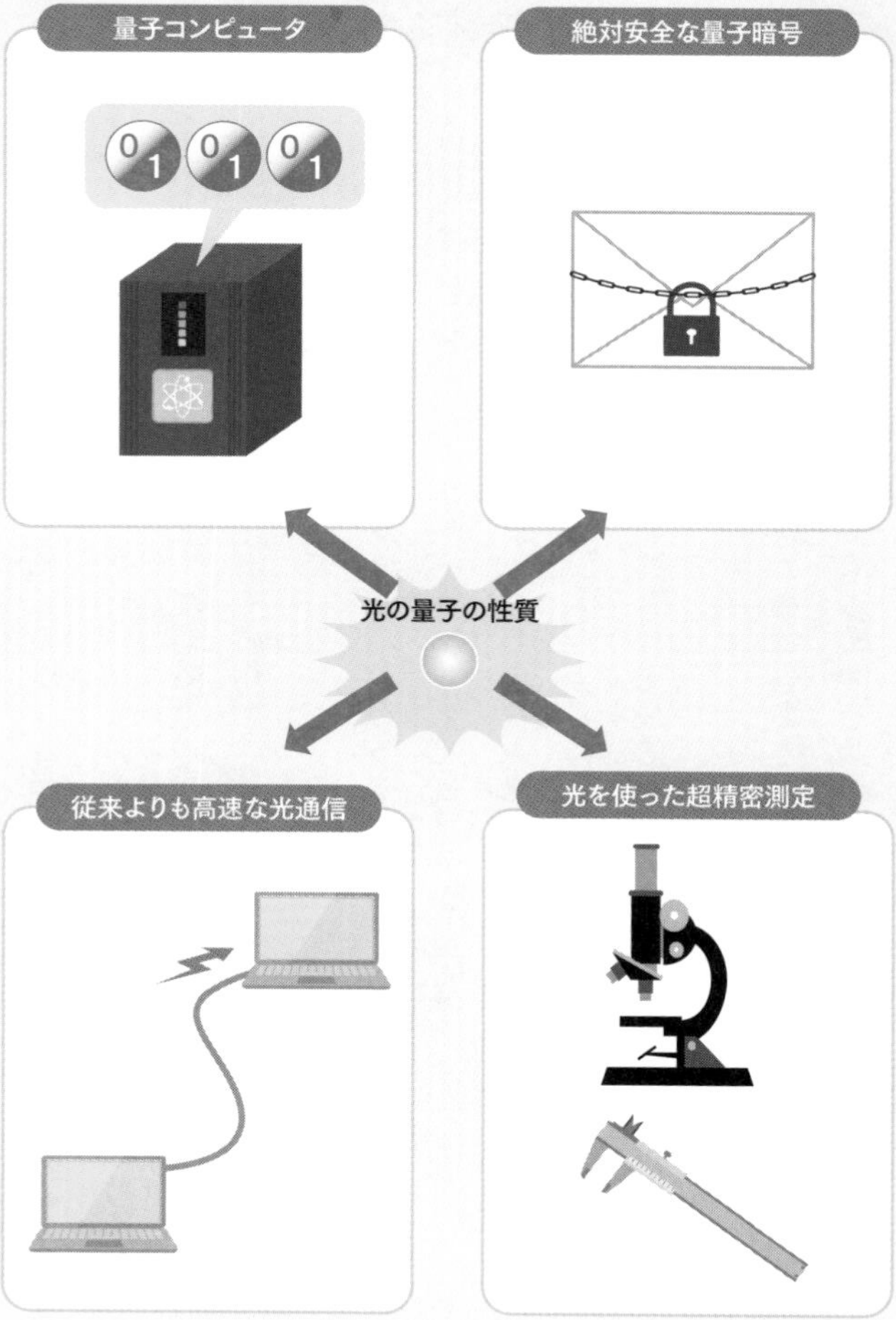

せが壊れる」という性質を使っています。この性質のお陰で、もし悪者が情報を運んでいる光子を盗み取って測定すると、光子の重ね合わせを壊してしまいます。この結果、通信している人たちは盗聴されたということに気付けるのです。このような仕組みにより、量子暗号を使えば絶対安全な通信を行うことができます。

光の量子的な性質は高速データ通信へも応用できます。近年、インターネットを通じてやりとりされる情報の量が年々非常に速いペースで増加しています。その背景には、スマホやタブレット端末などの身の回りのあらゆるデバイスがインターネットにつながるようになったことや、インターネットを通しての動画配信サービスなどが普及したことなどがあります。これによって、現在の光ファイバーを使った通信システムでは通信量の限界が近づきつつあるのです。そこで、光の量子的な性質を使えば、これまでの技術では実現できない、より高速な光通信が可能になるということもわかっているのです。

応用分野はまだまだあります。光はモノに当ててモノの様子を測って調べるのに使えますし、ある場所まで行って帰ってくる時間を測ることで長さを測ったりするのにも使えます。こういった光を使った計測でも、光の量子の性質が役立つことがあるのです。例えば、量子の性質を活かした特殊な光を使うことで、高感度な光学顕微鏡を作ったり、もしくは長さを超精密に測ったりすることができます。

このように、光を使った量子技術は、量子コンピュータにとどまらない魅力的な研究分野です。光量子コンピュータの研究開発は、こういった関連分野のテクノロジーも発展させてくれます。将来、私たちの社会の隅から隅まで光の量子技術が浸透し、それが「当たり前」となるような世の中が来るのかもしれません。

# 第6章のまとめ

◆私たちは、私たち自身が見つけ出したオリジナルの方法で光量子コンピュータの課題を克服し、日本発・世界初の大規模な量子コンピュータを実現することを目指しています。

◆光量子コンピュータの実験装置には、光子の量子の性質をできるだけ壊さず、高い精度で操作できるような工夫が取り入れられています。それでも、現状の光量子コンピュータの精度や規模はまだまだです。

◆量子コンピュータの開発現場は地味で泥臭く、困難の連続です。それでも、夢とロマンを追い求め、モノ作りを楽しみながらパズルを解いて、1歩1歩前進していく研究は面白いものです。

# ◆あとがき

本書を読んでくださった皆さんは、量子コンピュータとは一体どういうものなのか、その実体をつかむことができたでしょうか。もしかすると、量子コンピュータが何でも速く解ける万能コンピュータであるとか、あと数年で実用化されるとか、そのような期待を抱いていた方は本書を読んで少しがっかりした部分もあったかもしれません。しかし、それでも量子コンピュータは世の中をガラリと変える潜在能力を持っており、長い年月をかけても人類がその実現に挑戦するに値することも納得できたのではないでしょうか？　本書では、まだ私の力不足で伝えきれなかったこともあると思います。それでも、興味を持ってくださった皆さんが量子コンピュータについて知る1つのきっかけになれば幸いです。

もともと、この本を書くことになったきっかけは、2019年2月に私のもとに来た一通のメールでした。

「一般向けの量子コンピュータの本を書きませんか？」

私が過去に書いた記事に目をつけてくださった、技術評論社理工書編集部の佐藤さんからのメールでした。正直、私は初め引き受ける気がありませんでした。量子コンピュータの専門家は他にもいますし、すでに量子コンピュータの一般向けの本もいくつか出版されています。自分がわざわざ書く意味があるのかと思ったのです。しかし、メールをいただいた後に書店に足を運び、量子コンピュータに関する本を立ち読みしているうちに、気持ちが変わってきました。世の中には、誰でも読めるような量子コンピュータの本はほとんどなく、また専門家でない方が書いた本や雑誌の特集には不正確な記述もみられます。量子コンピュータの仕組みはもとより、そのリアルな実体は、実際に開発している専門家でないと伝えられないものです。日本で量子コンピュータの専門家の数はそれほど多くありませんし、その中でも実際に開発に携わっている人はさらに少ない状況です。「だとしたら、自分が試しにやってみよう。うまくいくかはわからないが、少なくとも自分にしか書けないこともあるはずだ」という気になったのです。

私にとって一般向けの本の執筆は初めての作業でした。このため、この本を仕上げるにあたっては、大変多くの方にご指導・ご協力をいただきました。最後に、お世話になった皆さんに感謝の言葉を述べたいと思います。まず、東京大学の古澤明教授には私が学部4

年生の頃から長きにわたってご指導を賜りました。古澤教授の導きがあったからこそ、私は研究者として進む道を選ぶことができたのだと思います。古澤研究室メンバーの皆さんには、本書を書く上で必要となった様々な知識を学ばせていただきました。本書の執筆にあたっては、竹川洋都さん、福井浩介さん、山崎浩平さんに原稿をお読みいただき、異なる視点から数多くの有益な助言をいただきました。技術評論社の佐藤丈樹さんには、この本を書くきっかけを与えていただいたと共に、原稿の執筆からチェック、編集に至るまで、ていねいにサポートしていただきました。皆さんのご指導なくして本書は生まれませんでした。心より感謝いたします。

最後に、私の両親と妻のご両親、そして妻には、本書の執筆はもとより、日ごろから私の研究を応援していただき、感謝いたします。

２０２０年2月　武田俊太郎

## ◆参考文献

本書を読んでくださった皆さんが、量子コンピュータについてもう少し知りたいと思った時のために、お薦めの本やサイトをいくつか紹介いたします。

### やさしい文章で理解したい方

本書で解説したような、量子コンピュータの歴史や計算のしくみについてもう少し踏み込んで知りたいという方には、次の本をお薦めします。


◆『量子コンピューター超並列計算のからくり』竹内繁樹、講談社（2005年）

◆『驚異の量子コンピュータ：宇宙最強マシンへの挑戦』藤井啓祐、岩波書店（2019年）


一方、量子コンピュータの基礎から最新動向まで広く様々なトピックスの知識を身につけたいという方には、次の本をお薦めします。

◆『絵で見てわかる量子コンピュータの仕組み』 宇津木健（著）、徳永裕己（監修）、翔泳社（2019年）

◆『いちばんやさしい量子コンピューターの教本』 湊雄一郎、インプレス（2019年）

私が開発している光を使った量子コンピュータについて詳しく知りたい方は、私の恩師である東京大学の古澤明教授が執筆した次の本をお薦めします。

◆『光の量子コンピューター』 古澤明、集英社インターナショナル（2019年）

また、次のホームページでは、量子コンピュータの専門家が量子コンピュータに関わる様々なトピックスについて解説しています。

◆「Qmedia」 https://www.qmedia.jp/

## 数式を用いてきちんと勉強したい方

次の本は、大学の1~2年生向けの講義でも使用されている量子コンピュータの入門書です。数式を用いて、量子コンピュータの基本的な計算ルールからエラー訂正の方法まで基礎事項がていねいに説明されています。

◆**『量子コンピュータ入門（第2版）』** 宮野健次郎、古澤明、日本評論社（2016年）

また、本格的に勉強したい方には、次の本が世界的に有名な定番の教科書です。

◆**『量子コンピュータと量子通信I~III』** ミカエル・ニールセン、アイザック・チャン、オーム社（2004年~2005年）

◆著者略歴◆

**武田 俊太郎**

（たけだ・しゅんたろう）

1987年東京生まれ。東京大学大学院工学系研究科准教授。専門は量子光学・量子情報科学。日本における数少ない量子コンピュータの開発者。東京大学大学院工学系研究科博士課程修了後、分子科学研究所での職を経て、2019年より現職。これまで光を用いた様々な量子技術の研究に関わっており、現在は独自方式の光量子コンピュータ開発に取り組んでいる。

◆ブックデザイン：小川 純（オガワデザイン）
◆カバー・本文イラスト：ヒグラシマリエ
◆本文DTP：BUCH⁺

本書へのご意見、ご感想は、技術評論社ホームページ（https://gihyo.jp/）または以下の宛先へ、書面にてお受けしております。電話でのお問い合わせにはお答えいたしかねますので、あらかじめご了承ください。

〒162-0846　東京都新宿区市谷左内町21-13
株式会社技術評論社　書籍編集部
『量子コンピュータが本当にわかる！』係
FAX：03-3267-2271

# 量子《りょうし》コンピュータが本当《ほんとう》にわかる！

## ――第一線開発者《だいいっせんかいはっしゃ》がやさしく明《あ》かすしくみと可能性《かのうせい》

2020年　3月　3日　初版　第1刷発行
2024年　4月　16日　初版　第6刷発行

著　　者　武田俊太郎《たけだしゅんたろう》
発 行 者　片岡　巌
発 行 所　株式会社技術評論社
　　　　　東京都新宿区市谷左内町21-13
　　　　　電話　03-3513-6150　販売促進部
　　　　　　　　03-3267-2270　書籍編集部
印刷／製本　昭和情報プロセス株式会社

定価はカバーに表示してあります。

本の一部または全部を著作権の定める範囲を超え、無断で複写、複製、転載、テープ化、あるいはファイルに落とすことを禁じます。

造本には細心の注意を払っておりますが、万一、乱丁（ページの乱れ）や落丁（ページの抜け）がございましたら、小社販売促進部までお送りください。送料小社負担にてお取り替えいたします。

©2020　武田俊太郎

ISBN 978-4-297-11135-9　C3042
Printed in Japan